复杂储层地震预测理论与应用研究

Theory and Application Research of Seismic Prediction to Complex Reservoir

李 琼 何建军 曹 均 著

科 学 出 版 社

北 京

内 容 简 介

本书针对复杂多变的储层预测问题，以岩石物理模拟和数值模拟研究为基础，将动力学非线性科学中的全新概念、理论和算法引入和应用于储层预测与评价之中，创建了新型的储层预测理论和方法技术。系列研究的科技成果已形成了具有自主知识产权的软件，并在各大油田和科研单位得到广泛应用，取得了好的科技成果转化应用效益，提供了有效的技术支持。

本书可供油气地球物理勘探开发领域的人员参考，也可供相关专业的高校研究生和高年级本科生阅读。

图书在版编目(CIP)数据

复杂储层地震预测理论与应用研究 / 李琼，何建军，曹均著. —北京：科学出版社，2022.3

ISBN 978-7-03-071728-3

Ⅰ. ①复… Ⅱ. ①李… ②何… ③曹… Ⅲ. ①复杂地层-储集层-地震预测-研究 Ⅳ. ①P315.7

中国版本图书馆CIP数据核字（2022）第034675号

责任编辑：黄 桥 / 责任校对：彭 映
责任印制：罗 科 / 封面设计：墨创文化

科学出版社 出版
北京东黄城根北街16号
邮政编码：100717
http://www.sciencep.com

成都锦瑞印刷有限责任公司印刷
科学出版社发行 各地新华书店经销

*

2022年3月第 一 版 开本：787×1092 1/16
2022年3月第一次印刷 印张：9
字数：210 000

定价：108.00元

（如有印装质量问题，我社负责调换）

前　言

本书是在国家自然科学基金项目和国家科技攻关项目的联合资助下及部门科学研究项目的协助下，针对复杂多变的储层预测问题，以地震岩石物理测试与分析为基础，以构造解释、储层预测、圈闭评价、石油地质地球物理综合研究及非常规油气藏的地球物理勘探为研究方向，最终进行油气资源的综合评价。研究区域涉及四川、鄂尔多斯、塔里木等沉积盆地，获得了较为丰富的研究成果。

油气缝洞型储层物理模型测试与分析是地球探测、地球物理研究必需的重要基础数据资料，是联系地质、地球物理和油藏工程的纽带与桥梁，可以有效地消除地震解释与反演结果的多解性，是促进地震解释和反演结果由定性到半定量并发展到定量的基础。

根据塔河油田奥陶系碳酸盐岩储层地质特征，形成了从定比观测理论、定向裂缝模型、孔洞模型到多种缝洞模型的研究系列。深入研究了系列物理模型的地震响应特征。分析了多种环境下缝洞特征参数与地震波速度、振幅、主频率和衰减等属性参数之间的复杂关系和变化规律，进一步加深了地震波的动力学参数比运动学参数对于储层缝洞的检测更为有效的认识。

在对动力学非线性系统的混沌特征、分形特征及突变特征等基础理论进行研究的基础上，建立起储层非线性预测与评价的理论依据：储层具有分形、混沌演化和突变等特征，在沉积及其演化过程中完全是一个非线性过程，储层是一个非线性系统。

基于非线性理论，创建了储层地震非线性预测与评价方法技术，它是由裂缝预测、地震反演和储层综合预测与评价三大非线性方法与技术组成的：储层裂缝地震非线性预测是由相空间重建、非线性参数提取与预测技术及综合评价方法组成的一种新型裂缝预测方法；储层地震高分辨率非线性反演是将BP算法嵌入自适应遗传算法内部所构成的集遗传算法和神经网络技术的优势于一体的新的地震反演方法，它采用新的嵌入式(GA-BP)混合算法及非线性映射技术，自动实现反演，获得高分辨率地震反演剖面；储层地震非线性综合预测与评价是由遗传算法(GA)与自适应神经网络—模糊推理系统有机地相结合而产生的储层预测与评价的新方法，它将优化处理所形成的新地震属性参数空间作为输入，采用将ANFIS网络中的(GA+LSE)混合算法嵌入GA算法内部与禁忌搜索算法(TS)叠加在交叉操作处产生新的自适应混合算法，将综合评价参数作为储层品质和含油气性的定量评价指标。采用先进的理论与新的方法技术，研制出具有三大非线性功能的专门软件系统：“储层地震非线性综合预测与评价系统”，所采用的软件编译平台是C++和FORTRAN平台。

在四川、新疆和大庆等油气田应用储层地震非线性综合预测与评价方法及软件系统对碳酸盐岩和碎屑岩等各类储层进行了大量的储层预测研究，并与物理模型测试与分析相结合，该方法技术与软件系统均能适应各类复杂多变的储层，是一种高分辨率、高有效性、高可靠性和稳定性的技术，获得了好的地质效果和勘探开发效果，取得了好的社会效益和经济效益。

储层预测方法与技术的发展必将是储层预测非线性化、深入储层内部结构分析的微观化及储层预测与评价的定量化等。非线性科学理论的应用与发展开创了有广阔前景的储层预测的新途径。

全书共 8 章，内容由浅入深，在讲授基本理论和方法的同时，着重体现学科前沿的最新发展动态，力求全面系统地涵盖该专业的基本内容。本书较为系统地阐述了地震物理模型实验研究和非线性科学的基本理论、基本方法和相关应用，且采用实例分析方法，使专业应用在内容、方法上更加具体化。

由于作者水平有限，书中难免存在不妥之处，希望读者批评指正。

作　者

2020 年 8 月

目　　录

第1章 绪　论

1.1 研究背景及意义

随着我国石油天然气勘探、开发工作的不断发展，我们面临的勘探对象和开发环境越来越复杂，面临着艰巨而复杂的任务。我国陆上复杂油气储层包括薄互层砂岩储层、碳酸盐岩储层以及各类特殊岩性体储层。复杂储层油气藏的勘探与开发是世界性难题，这些难题归根结底是复杂介质中地震波传播规律的理论认识及实验研究，以及基于理论认识的针对油气藏特征的储层地球物理方法研究。同时，复杂储层油气藏也是今后重要的勘探领域之一。

复杂储层油气藏在地质形态上的主要特征是陡(倾角大)、断(断层发育)、缓、平(构造幅度小)、薄(储层厚度小)、小(分布范围小，分散)、裂(裂隙孔洞)、深(埋藏深)，且往往以这些特征的组合形式出现。对缓、平、薄、小之类的储层而言，在地震记录上因时差小难以察觉和识别，甚至出现假象。对陡、断、裂、深储层而言，地震记录复杂，多种波叠复交叉，信噪比低，层位对比与识别十分困难[1]。

我国陆上复杂油气储层中的薄互层砂岩储层的特点是分布面积大、丰度低、渗透率低而致密。这类油气藏主要有松辽盆地长垣两侧和松南地区岩性油藏、鄂尔多斯中生界岩性油藏和上古生界岩性气藏、川西北浅层岩性气藏等。需要采用高新技术，识别主砂带、裂缝发育区，查明岩性圈闭，低品位中找甜点。碳酸盐岩油气藏主要分布在四川盆地、鄂尔多斯盆地下古生界以及塔里木盆地台盆区。需要预测溶蚀孔、洞和裂缝发育带，寻找最佳钻探靶位[2]。

复杂储层油气藏勘探与常规构造勘探相比，难度更大，勘探的技术手段也具有较大的差别。因此，需要研发相应的针对性技术手段，提高复杂岩性油气藏和碳酸盐岩储层的勘探效益。

复杂储层的特点是地层厚度小，非均质性强，目标隐蔽性强，因此预测难度大。复杂储层油气藏勘探的关键是复杂岩性体成像与识别，非均质储层横向预测。研发这项技术具有较大的难度。

目前还没有一套系统完整的复杂储层找油气的理论和预测方法，而我国目前油气勘探领域和开发目标越来越复杂，对地球物理勘探技术的需求非常迫切，要求也非常高。因此，复杂储层预测技术具有广阔的应用前景。

因此“复杂储层地震预测理论及应用研究”是油气勘探对物探技术的需求，具有重要的理论和实际意义。对于复杂储层而言，我们应该立足地震资料，结合钻井、测井等地质资料，以地震物理模型为基础，多学科、高技术联合与攻关，寻求新的理论和方法。

1.2　本书主要研究内容及技术路线

1.2.1　主要研究内容

在动力学非线性系统基本理论研究的基础上，针对储层具有非线性的特征，本书对储层非线性方法与技术进行了系统而较深入的研究，其主要研究内容如下。

(1) 动力学非线性系统特征和储层非线性特征研究。主要分析研究应用于储层地震预测的动力学非线性系统的基本理论问题：动力学非线性系统的混沌特征、分形特征、混沌与分形的关系、突变特征以及储层地震信号非线性特征。

(2) 储层裂缝非线性预测研究。基于非线性理论，在重建的相空间中，提取 3 种非线性参数：关联维数、李雅普诺夫指数和突变参数，采用“综合参数法”或“非线性评价技术”，获取表征裂缝发育程度的综合非线性参数，以圈出有效裂缝富集区及建立裂缝富集区与油气富集区之间的关系。

(3) 地震高分辨率反演方法与技术研究。基于 GA-BP 理论，将自适应遗传算法与人工神经网络技术的优势集于一体，由编码、适应度函数、遗传操作及混合智能学习等产生新的地震反演方法。这种反演方法将 BP 算法作为一个算子嵌入自适应遗传算法中，以概率的方式进行搜索，从而快速而精确地找到全局最优解，获得高分辨率反演剖面。在这种地震反演方法中，建立非线性映射关系和更新非线性映射关系将成为本书研究的关键问题。

(4) 储层地震非线性综合预测与评价研究。基于 GA-ANFIS 理论的储层地震非线性综合预测是以地震属性参数提取技术所构成的参数空间进行优化处理形成新的参数空间作为储层综合预测的输入参数，将 GA 与 ANFIS 相结合，优化 ANFIS 网络参数，并利用 GA 算法与 TS (tabu search) 算法相结合的自适应混合学习算法进行储层综合预测，获得储层综合评价参数，它表征储层的有效性，可作为储层品质和含油气性指标。

(5) 按照模型相似性理论，采用先进技术制作高精度模型；测试和分析裂缝密度、裂缝方位、裂缝张开度的变化以及孔洞体积比变化引起的地震波特征响应，为检测裂缝和油气提供实验依据。

(6) 应用研究。应用新建的储层地震非线性预测方法系列及软件系统对碳酸盐岩储层、碎屑岩储层和火山岩储层等进行了预测研究，获得了优于储层常规预测方法的成果，极大地提高了储层地震预测效果。

1.2.2　技术路线

岩石物理测试与分析是地球探测、地球物理研究必需的重要基础数据资料，是联系地质与地球物理的纽带与桥梁，可以有效地消除地震解释与反演结果的多解性，是促进地震解释和反演结果由定性到半定量并发展到定量的基础。由此建立了基于地震岩石物理学的复杂储层非线性预测技术路线，如图 1-1 所示。

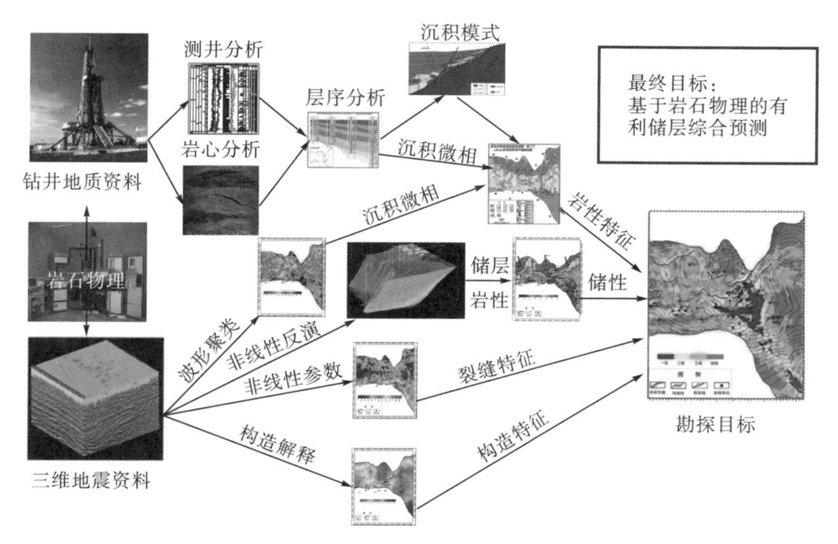

图 1-1　基于地震岩石物理学的复杂储层非线性预测技术路线(后附彩图)

在非线性科学迅速发展的推动下，针对储层具有非线性特征，本书将储层预测的线性理论及方法技术推向储层预测的非线性理论与方法技术，形成由储层裂缝地震非线性预测、储层地震高分辨率非线性反演及储层地震非线性综合预测与评价组成的储层非线性方法与技术系列，并与物理模型测试与分析技术相结合，且在实际中去检验和评价。其技术路线如图 1-2 所示。

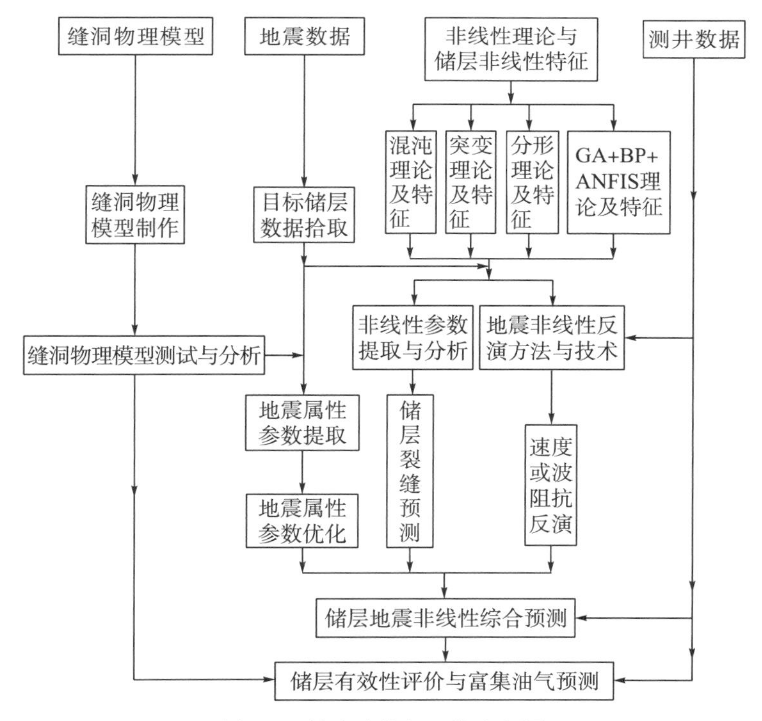

图 1-2　技术路线与工作流程图

1.3　技术关键和主要成果

1.3.1　技术关键

(1)动力学非线性科学作为一门新兴学科，涉及的研究内容和研究范围相当广泛，还存在许多有待进一步发展的方面。本书是将动力学非线性科学提供的部分全新概念和算法应用于储层预测之中，建立新型的储层预测理论和预测方法，以适应复杂多变的储层。

(2)将 GA、BP、ANFIS 及 TS 理论和算法应用于地震反演和储层预测之中，形成与地球物理交叉的边沿学科，其首要问题是建立新的嵌入技术和新的混合算法，充分发挥各自的优势，使反演系统和预测系统稳定而快速地收敛，获得高分辨率的反演剖面和有效且正确的储层预测结果。

(3)由井点出发，构造非线性映射关系，并自适应地更新非线性映射关系，将成为储层地震高分辨率非线性反演的首要问题，合理而正确的非线性映射关系才能得到正确且有效的非线性反演结果。

(4)物理模型的设计，特别是模拟复杂地质体的模型设计难度大。因此，在模型设计时，须考虑模型与实际地震勘探对象之间的相似性及实验结果的可对比性(含不同波形识别)和实用性。

(5)在储层评价中建立储层评价指标，使储层预测从定性预测发展为定量预测。

1.3.2　主要成果

针对非线性理论在地球物理油气勘探应用中较薄弱的问题，通过系统研究，开创了一条储层地震非线性预测之路。其主要成果如下。

(1)基于岩石物理模型的实验研究，根据缝洞型储层的特征，设计制作了多种缝洞物理模型。研究了温度及压力环境下多种模型不同缝洞密度的地震波响应特征。分析了在温度及多种压力条件下模型缝洞密度与地震波速度、振幅、衰减、主频率等参数之间的关系和变化规律。形成了从定比观测理论、定向裂缝模型、孔洞模型到多种缝洞模型的研究系列。深入研究了系列物理模型的地震响应特征。分析了多种环境下缝洞特征参数与地震波速度、振幅、衰减和主频率等属性参数之间的复杂关系和变化规律。提出了不同地震波属性参数对缝洞特征检测的敏感度，进一步加深了地震波的动力学参数比运动学参数对于储层缝洞的检测更为有效的认识。

(2)本书从一维非线性系统入手，研究了动力学非线性系统的混沌演化特征和分形特征以及它们之间的关系；从齐曼机构导出的尖点突变入手，研究了动力学非线性系统的突变特征以及储层的多变复杂性和不连续的突变性与尖点突变模型具有相似或相近的突变特征，为地震储层信号时间序列变换成尖点突变模型的标准形式提供了依据。

(3)本书基于非线性理论，创建了储层地震预测领域内的三大非线性方法技术系列：储层裂缝地震非线性预测方法技术、储层地震高分辨率非线性反演方法技术及储层地震非线性综合预测与评价方法技术，并与物理模型测试和分析相结合，以提高储层预测效果。这种储层地震非线性预测方法与技术优于常规储层地震线性预测方法与技术，具有高分辨率、高有效性和高可靠性的特点，将储层预测与评价推向半定量到定量的新阶段。

(4)在地球物理油气勘探领域中，本书首次系统地阐述了在重建相空间中建立动力学系统和准确提取关联维数、李雅普诺夫指数以及基于突变理论提取的突变参数地震属性。这 3 种非线性参数是与裂缝直接有关的“直接参数”，这些参数不受或很少受其他因数的影响，综合参数法或非线性评价技术所构成的储层裂缝地震非线性方法技术可详细地指示储层内部结构的变化、裂缝系统的复杂程度和裂缝的空间变化规律，因而，能准确地找到有效裂缝富集层段或区块，并可建立有效裂缝富集与油气富集区之间的关系，是一项裂缝预测的创新技术。

(5)本书提出了一种集遗传算法和人工神经网络技术的优势于一体的地震高分辨率非线性反演方法，它采用改进的新的混合智能优化算法，这种优化算法是将 BP 算法作为一个算子嵌入自适应遗传算法中，以概率 P_{BP} 的方式进行搜索运算，且概率自适应变化，自适应地调整反演系统向稳定收敛的方向演化，从而快速而准确地找到全局最优解。

本书创造性地提出了地震高分辨率非线性反演中的非线性映射技术：在井点建立非线性映射关系及在反演过程中根据地下介质在纵、横向上的变化特征自适应地更新非线性映射关系。

大量的地震数据反演处理结果证明，地震高分辨率非线性反演方法具有突出优点：在测井约束下，反演不依赖初始模型或要求极低，反演系统稳定且收敛快；反演所获得的地震参数剖面(波阻抗剖面或速度剖面及储层密度剖面等)具有分辨率高的特点，这种高分辨率反演剖面清晰而详细地反映出储层在纵横方向上的变化特征。因而，这种反演方法与其他反演方法(如 Jason)相比较，属于高水平的反演方法。

(6)基于 GA-ANFIS 理论，在储层地震属性参数提取和参数优化处理所形成的参数空间的基础上，本书提出了储层非线性预测与评价新方法。储层地震非线性预测与评价方法是利用地震数据和测井数据之间的非线性映射关系建立训练样本，将 GA 算法与 ANFIS 网络中的学习算法(GD+LSE 混合学习算法)相结合的自适应混合算法分别优化训练 ANFIS 网络的前提参数和结论参数，并在遗传算法中加入禁忌搜索(TS)算法，加快了网络收敛速度，提高了网络性能。应用所提出的方法对各类储层进行预测研究，获得了储层综合评价参数，它表征储层的有效性，可作为储层品质和含油气性的指标。该预测方法与算法均能适应油气储层的复杂性及多变性，是对油气储层预测方法技术的一种新发展。

(7)在算法方面，本书在对 BP 算法、GA 算法、ANFIS 网络中的算法和禁忌搜索(TS)算法的优缺点进行分析总结的基础上，给出了两种混合算法：第一种算法是将 GA 算法与 BP 算法混合，形成 GA-BP 混合算法或带禁忌搜索的 GA-BP 混合算法，并将 BP 算法嵌入 GA 算法内部，用于地震波阻抗反演、速度反演及储层密度反演；第二种算法是将 GA 算法与 ANFIS 网络中的算法和禁忌搜索(TS)算法相结合形成模糊神经网络混合算法，并将最小二乘(LSE)和梯度下降(GD)嵌入 GA 算法内部及在交叉操作上加入禁忌搜索(TS)算法，用于储层地震非线性预测与评价。本书新构成的两种算法是对传统的混合算法的一种改进，它们均能适应储层的复杂性和多变性，在实际应用中产生了很好的效果。

在非线性理论、方法与技术及算法研究的基础上，用 C 语言和 FORTRAN 语言研制完成了“储层地震非线性综合预测与评价系统”。除层位标定和层位拾取外，该软件系统由地震裂缝非线性预测、地震高分辨率非线性反演及储层地震非线性预测与评价等软件组成。该软件系统已得到了较广泛的推广应用。

本书针对目前缝洞型储层缝洞特征和地震波属性参数相关性证据仍然不够充分的情况，进行了实际地层温度压力条件下，碳酸盐岩和碎屑岩储层物性参数及其地震多参数响应的实验研究，具有直观性和可靠性。这在国内、国外都是先进的、创新的，将为利用地震属性参数预测缝洞型油气藏提供可靠的物理基础，并推动缝洞岩石物理学的发展。

本书成果的推广与广泛应用推动了储层预测技术的发展：储层预测非线性化、深入储层内部结构分析及储层预测与评价定量化等。本书应用非线性科学理论开创了有广阔前景的储层预测的新途径。

第2章　地震岩石物理模型实验研究

塔河油田下奥陶统灰岩基质岩性致密，储渗空间形态多样、大小悬殊、分布不均。下奥陶统灰岩段储集和生产油气的有效储渗空间按成因、形态及大小可归为如下几类：基质孔隙、溶蚀孔洞及大型洞穴、裂缝(隙)。其中，裂缝是塔河油田奥陶系油藏最发育、岩心最常见的储集空间之一，以构造成因的构造缝、构造溶缝及成岩形成的压溶缝(缝合线)为主，层理、层面缝不发育。缝是区内油气显示十分活跃的储集空间，荧光薄片统计表明，构造缝和构造溶缝的油气显示率较高。此外，大型洞穴也是区内奥陶系碳酸盐岩中极为重要的一类储渗空间。

油气缝洞型储层物理模型测试与分析是地球探测、地球物理研究必需的重要基础数据资料，是联系地质与地球物理的纽带与桥梁，可以有效地消除地震解释与反演结果的多解性，是促进地震解释和反演结果由定性到半定量到定量的基础。

因此，通过裂缝、孔洞及缝洞模型的实验室模拟来观测、了解和认识缝洞特征的地震波响应，发现地震波在复杂缝洞体中的传播规律，不仅具有理论意义，而且对塔河油田缝洞型储层地震波传播规律的认识具有一定的实际指导意义。作者据此确定了如下的3类物理模型开展有关研究：①裂缝模型；②孔洞模型；③缝洞模型。

2.1　岩石物理模型地震响应的定比观测理论及可行性研究

实验室的物理模型与所要研究的地质体对象之间、模型材料与实际研究对象的性质之间、实验室进行物理模拟所用的超声波频率与实际地震勘探所用的地震波频率之间常常相差了好几个数量级，要使实验室测试的结果能够运用到实际的野外研究中去，就必须考虑模型和实际地震勘探对象之间的相似性问题。只有在模型材料的选择和模型的制作上考虑了模型与实际研究对象的相似性，模型实验研究才能具有理论和实际意义[3]。

由于实验室物理模型尺寸小，实际研究的地质体大，模型试验的结果能否应用于实际，是大家十分关心的问题。要能应用于实际，模型参数与地下实体参数之间必须满足一定的比例关系，这就是定比观测。

定比观测的基础是模型介质与实体介质都应遵循地震波传播所依据的波动方程。

2.1.1　地震物理模拟运动学理论——几何相似原理

在进行地震物理模拟时，为了使所得到的模拟结果的运动学特性——模型超声波的传播时间与实际地质构造和地质体中的地震波运动特性——实际地震波的传播时间成比例，必须使模型的尺寸与实际地质构造和地质体的尺寸呈一定的比例关系——几何相似比，这是地震物理模拟的一个基本原理，称为几何相似原理[3]。

通常采用波动方程对波在介质中的传播进行数学描述，因为波在细观、中观和宏观介质中的传播都遵循同一波动方程。为简单起见，取均匀、各向同性的弹性介质中的三维声学波动方程为

$$\frac{\partial^2 P}{\partial x^2}+\frac{\partial^2 P}{\partial y^2}+\frac{\partial^2 P}{\partial z^2}=\frac{1}{v^2}\frac{\partial^2 P}{\partial t^2} \tag{2-1}$$

式中，波场 $P=P(x,y,z,t)$。

令 $\boldsymbol{L}$ 为向量，其 3 个分量分别为 x、y、z，则 $P(x,y,z,t)=P(\boldsymbol{L},t)$，式(2-1)可记为

$$\frac{\partial^2 P(\boldsymbol{L},t)}{\partial \boldsymbol{L}^2}=\frac{1}{v^2}\frac{\partial^2 P(\boldsymbol{L},t)}{\partial t^2} \tag{2-2}$$

通过傅里叶变换将式(2-2)变换到频率波数域后有

$$(iK_L)^2 P(K_L,w)=\frac{(i\omega)^2}{v^2}P(K_L,w) \tag{2-3}$$

式中，$K_L=\frac{1}{\boldsymbol{L}}$；$\omega=2\pi f=2\pi\frac{1}{T}$。

整理后得

$$K_L^2=\frac{\omega^2}{v^2} \tag{2-4}$$

在实际介质中和模型介质中，式(2-1)～式(2-4)均成立。

对于实际介质有

$$K_{Lr}^2=\frac{\omega_r^2}{v_r^2} \tag{2-5}$$

对于模型介质有

$$K_{\overline{L}}^2=\frac{\overline{\omega}^2}{\overline{v}^2} \tag{2-6}$$

将式(2-5)除以式(2-6)得

$$\frac{K_{Lr}}{K_{\overline{L}}}=\frac{\dfrac{\omega_r}{\overline{\omega}}}{\dfrac{v_r}{\overline{v}}}\Rightarrow\frac{\overline{L}}{L_r}=\frac{\dfrac{\overline{t}}{t_r}}{\dfrac{v_r}{\overline{v}}}$$

令 $M_{vp}=\frac{\overline{v}}{v_r}$，$M_t=\frac{\overline{t}}{t_r}$，$M_L=\frac{\overline{L}}{L_r}$，得

$$M_{vp}\frac{M_t}{M_L}=1 \tag{2-7}$$

其中，v_r、t_r、L_r 分别为真实地质体中或实际研究介质中波的速度、时间、几何尺度，而带“-”则表示模型实验中的对应量。

根据模型地震学的基本理论，以无量纲波动方程的不变性为基础推导出的式(2-7)为依据，以几何参数、物理参数的相似性为准则来指导模型的设计。由于地质情况的复杂性，要同时满足相似准则的基本因素是相当困难的，在实际模型设计过程中，主要考虑时间、速度、几何尺度、频率几个主要因素，把一些次要的因素忽略掉，进行近似模拟。

时间(*t*)的选择与超声波探头的频率、野外观测地震波的频率有关。如果所用超声波在模型介质中的主频率为 1MHz，野外实际观测到的地震波主频率在 30Hz 左右，则

$$M_t = \frac{1}{M_f} = \frac{f}{\overline{f}} = \frac{30\text{Hz}}{1\text{MHz}} = 3.0\times10^{-5}$$

如果假设岩层速度为 6000m/s，模型材料速度为 3000m/s，则有

$$M_{vp} = \frac{1}{2}$$

因此，

$$M_L = \frac{\overline{L}}{L} = M_{vp}\times M_t = 0.15\times10^{-4}$$

即物理模型与实际地质体的几何尺度比例为 1∶66667。我们在设计模型孔、洞的几何尺度时可根据野外实际地质体的孔、洞尺度，结合相对应的比例尺来确定。

当选取不同的模型材料时，随着材料速度等参数的不同，上述相应的尺度比例关系也会发生变化，应以满足式(2-7)的关系为基本准则。在设计模型时需注意主频率的取值，模型的主频率不是发射换能器的频率，而是波在模型介质中传播时的主频率。

理论上认为，三维模型的整体尺度应远大于所使用的超声波波长，最少要比超声波波长大 5 倍。假设我们所选模型材料的速度为 3000m/s，超声波在模型介质中传播的主频率为 1MHz，则超声波波长为

$$\lambda = \frac{v}{f} = 3000\,\text{m/s}\times0.000001\text{s} = 0.003\,\text{m}$$

我们设计模型时几何尺度至少要大于 5λ，即至少要大于 0.015m。在实际模型实验中的试样尺度基本上都能满足实验尺度比例的要求。

2.1.2　地震物理模拟动力学理论——动力学相似原理

在进行地震物理模拟时，为了使所得到的模拟结果不仅满足波的运动学特性与实际介质中波的运动学特性相似，而且满足在波的动力学特性——振幅吸收衰减等方面与实际介质中波的动力学特性相似，因此除必须遵守几何相似原理之外，还必须满足波的动力学相似性，即要求模型介质的各弹性常数、密度和吸收衰减系数与实际介质相应的弹性常数、密度和吸收衰减系数成比例，这就是地震物理模拟动力学相似原理[4]。

在声学介质中，声波方程为

$$K\left(\frac{\partial^2 P}{\partial x^2}+\frac{\partial^2 P}{\partial y^2}+\frac{\partial^2 P}{\partial z^2}\right) = \rho\frac{\partial^2 P}{\partial t^2} \tag{2-8}$$

式中，*P* 为声波压力；*K* 为介质的声学弹性常数；ρ 为声学介质的密度；*x*、*y*、*z* 为空间坐标；*t* 为时间。

这时，为了保持波的动力学相似性，则必须满足：

$$\left.\begin{aligned} K &= cK_m \\ \rho &= c\rho_m \end{aligned}\right\} \tag{2-9}$$

式中，*K* 为实际介质的声学弹性常数；ρ 为实际介质的密度；K_m 为模型介质的声学弹性

常数；ρ_m 为模型介质的密度；c 为常数。

此时，模型介质中与实际介质中的声波方程(2-8)完全相同。

在弹性介质中，弹性波方程为

$$\mu\nabla^2\boldsymbol{u}+(\lambda+\mu)\operatorname{grad}(\operatorname{div}\boldsymbol{u})=\rho\frac{\partial^2\boldsymbol{u}}{\partial t^2} \tag{2-10}$$

式中，$\boldsymbol{u}$ 为位移矢量：∇^2 为拉普拉斯算子；div 为散度算子；t 为时间；λ、μ 为拉梅弹性常数；ρ 为密度。

这时，为了保持波的动力学相似性，则必须满足：

$$\left.\begin{aligned}\lambda&=c\lambda_m\\ \mu&=c\mu_m\\ \rho&=c\rho_m\end{aligned}\right\} \tag{2-11}$$

式中，λ、μ 为实际介质的拉梅弹性常数；ρ 为实际介质的密度；λ_m、μ_m 为模型介质的拉梅弹性常数；ρ_m 为模型介质的密度；c 为常数。

此时，模型介质中与实际介质中的弹性波方程(2-10)完全相同。

在介质孔隙饱含流体的双相介质中，双相介质弹性波方程为

$$\begin{aligned}N\nabla^2\boldsymbol{u}+\operatorname{grad}\left[(A+N)\operatorname{div}\boldsymbol{u}+Q\operatorname{div}\boldsymbol{U}\right]&=\frac{\partial^2}{\partial t^2}(\rho_{11}\boldsymbol{u}+\rho_{12}\boldsymbol{U})+b\frac{\partial}{\partial t}(\boldsymbol{u}-\boldsymbol{U})\\ \operatorname{grad}\left[Q\operatorname{div}\boldsymbol{u}+R\operatorname{div}\boldsymbol{U}\right]&=\frac{\partial^2}{\partial t^2}(\rho_{12}\boldsymbol{u}+\rho_{22}\boldsymbol{U})-b\frac{\partial}{\partial t}(\boldsymbol{u}-\boldsymbol{U})\end{aligned} \tag{2-12}$$

式中，$\boldsymbol{u}$ 为固体的位移矢量；$\boldsymbol{U}$ 为流体的位移矢量；A、N、Q、R 为双相介质的弹性常数；ρ_{11}、ρ_{12}、ρ_{22} 为双相介质的密度；b 为双相介质的衰减系数。

此时，在双相介质中，为了保持波的动力学相似性，则必须满足：

$$\left.\begin{aligned}A&=cA_m\\ N&=cN_m\\ Q&=cQ_m\\ R&=cR_m\\ b&=cb_m\\ \rho&=c\rho_m\end{aligned}\right\} \tag{2-13}$$

式中，A、N、Q、R 为实际双相介质的弹性常数；$\rho(\rho_{11}$、ρ_{12}、$\rho_{22})$ 为实际双相介质的密度；A_m、N_m、Q_m、R_m 为模型双相介质的弹性常数；$\rho_m(\rho_{11,m}$、$\rho_{12,m}$、$\rho_{22,m})$ 为模型双相介质的密度；b_m 为模型双相介质的衰减系数。

此时，模型双相介质中与实际双相介质中的弹性波方程(2-12)完全相同。

在单相或双相、非完全弹性介质情况下，除要求各弹性系数和密度相同或相似外，还要求介质的吸收系数 α 相同或相似。

设在实际介质中，地震波振幅 $A=A_0\mathrm{e}^{-\alpha r}$，如果有

$$\alpha=\alpha_0 f$$

则

$$A=A_0\mathrm{e}^{-\alpha_0 fr} \tag{2-14}$$

式中，A 为地震波的振幅；A_0 为地震波的初始振幅；α_0 为实际介质的吸收系数；f 为地震波的频率；r 为地震波的传播距离。

在模型介质中，波的振幅为

$$A_m = A_{m0}\mathrm{e}^{-\alpha_m r_m}$$

其中，

$$\alpha_m = \alpha_{m0} f_m$$

则

$$A_m = A_{m0}\mathrm{e}^{-\alpha_{m0} f_m r_m} \tag{2-15}$$

式中，A_m 为模型中波的振幅；A_{m0} 为模型中波的初始振幅；α_{m0} 为模型中波的初始吸收系数；f_m 为模型中波的频率；r_m 为模型中波的传播距离。

为了使波在模型中的传播速度 v_m 与地震波在实际介质中的传播速度 v 相同，即

$$v_m = v$$

则

$$fr = f_m r_m \tag{2-16}$$

由此得

$$\alpha_m = \alpha_0$$

此时，模型介质的吸收系数应等于实际介质的吸收系数。

而当波在模型介质中的传播速度 v_m 与地震波在实际介质中的传播速度 v 相似时，即

$$\frac{v_m}{v} = K_v$$

得

$$\alpha_0 v = \alpha_{m0} v_m$$

或

$$\alpha_{m0} = \frac{1}{K_v}\alpha_0 \tag{2-17}$$

此时，模型介质的吸收系数应等于实际介质的吸收系数乘以速度比。

2.2　MTS 岩石物理参数测试系统的特点

MTS 岩石物理参数测试系统是成都理工大学油气藏地质与开发工程国家重点实验室拥有的，由该实验室提出设计要求，美国 MTS（Mechanical Test System）公司根据地层温度、压力条件及岩石物性测试分析的需要而研制的专用产品。该系统由数字电液伺服刚性岩石力学试验子系统、岩石超声波测量子系统以及岩石孔隙体积变化量和渗透率测试子系统三大部分构成。可以完成各种地层条件（小于 6000m）下的岩石力学、超声波、孔渗等参数的模拟测试。

系统的基本控制原理如图 2-1 所示。系统采用闭环伺服电液控制（它通过各类传感器检测应力、应变及活塞位移的变化，这些信号均可作为闭环的反馈信号），整个系统的控制、软件配合、极限保护动作及系统变形校正等均较完善，该系统的测试记录如图 2-2 所

示。其测试记录用于求取纵横波速度和衰减等物理参数。

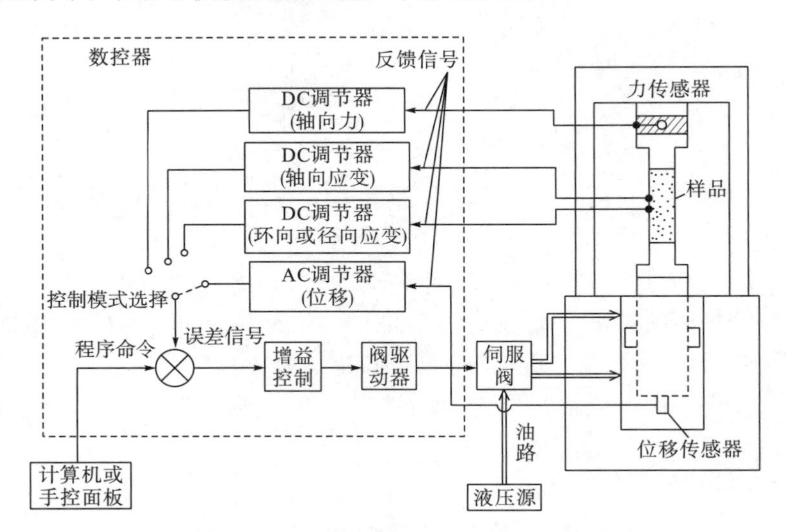

图 2-1　MTS 岩石物理参数测试系统的控制系统示意图

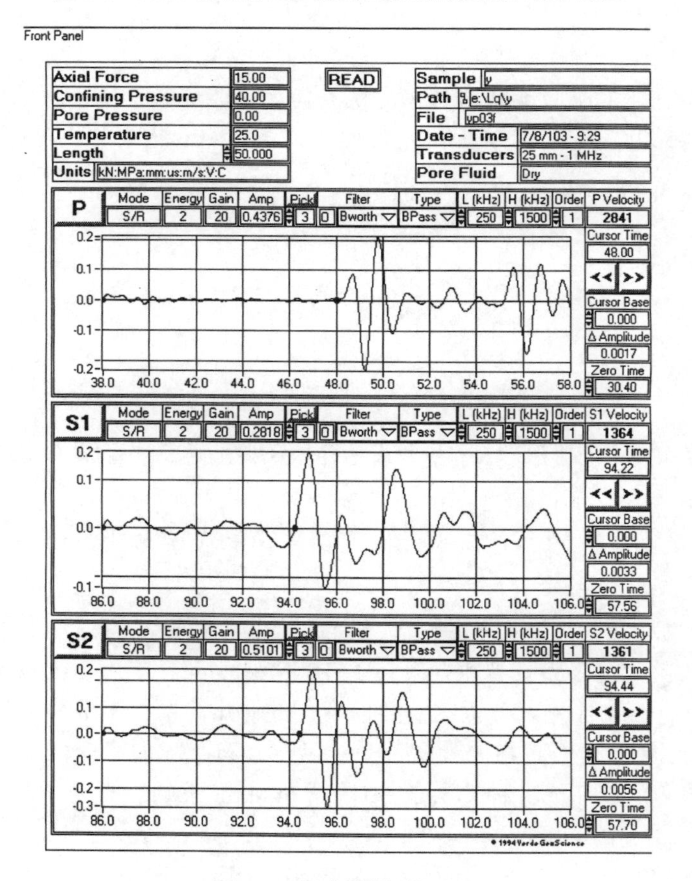

图 2-2　超声波测试记录

从地震物理模拟运动学理论——几何相似原理和地震物理模拟动力学理论——动力学相似原理出发，作者据此确定了 3 类物理模型开展有关研究：①裂缝模型；②孔洞模型；③缝洞模型。

2.3　裂缝模型测试与分析

已有的研究成果表明，Crampin 等观测到了 P 波和 S 波的速度各向异性，实验结果显示速度各向异性可以作为检测定向裂缝带的可能方法[5,6]。Tatham 等用物理模型方法研究了裂缝强度(以每个波长中的裂隙数目表示)对横波分裂的影响，实验结果表明，当裂隙密度约为每个波长 16 条裂隙时，清楚地观测到了强的各向异性和横波分裂现象，当裂隙密度为每个波长约含 8 条裂隙时就很难观测到各向异性和横波分裂现象[7]。这一实验结果为我们利用速度各向异性来检测裂隙提供了实验依据。虽然国内外众多研究人员在裂缝模型方面做了大量的实验研究并取得了不菲的研究成果，但依然存在许多需要进一步深入研究的问题。不同材料物理模型对地震波参数的影响及比较，除速度各向异性外，有无其他的参数来检测裂缝的密度？同时在油气藏的开发中，决定裂缝型岩石渗流的重要因素是裂隙的张开度，能否用地震方法来检测裂缝的张开度变化？我们通过选用不同的模型材料，采用裂缝物理模型实验研究方法来进一步开展对裂缝模型地震波响应的实验研究。

在实验室内制作微米(μm)级的裂缝张开度并不困难，但是要制作纳米级(nm)裂缝张开度则比较困难。而岩样中的裂缝宽度与实际地层中的裂缝宽度是一致的，给定比观测造成极大的困难(经常受到质疑的问题)。因此对裂缝的研究而言，目前研究单一的裂缝是不现实的，但是把数十厘米至数十米宽的含裂缝储层当成一个裂缝系统来研究是可能的。而实际裂缝系统的存在对油气储层是真正重要的，有实际价值的。从而缝洞系统的模拟是可行的。

2.3.1　描述岩石裂缝特征的参数

实际地层中存在的裂缝十分复杂。对于油气勘探而言，我们主要研究储层中裂缝的基本特征。由于裂缝的复杂性，我们在对裂缝进行研究时，需要对裂缝进行必要的简化，通过一些裂缝参数来定性或定量地描述裂缝的基本特征，如裂缝密度等。

在裂缝物理模型的研究中，我们采用 3 个主要的裂缝参数：裂缝密度、裂缝方位、裂缝张开度，来对裂缝的基本特征进行描述和研究。

1. 裂缝密度

裂缝密度通过各种相对的比值说明岩石破裂的程度，可分为如下 3 种(针对岩心或露头上的一组平行裂缝而言)：体积裂缝密度、面积裂缝密度、线裂缝密度。3 种裂缝密度都以长度的倒数表示，它是对岩石中裂缝发育程度进行评价的客观标准。

2. 裂缝方位

裂缝方位是指裂缝在空间的主要展布方向。裂缝方位对于预测、推断井位、储层中油气水的运移方向等具有重要意义。例如，酸化时，对于垂直裂缝，硫酸从注入点呈线状推进，而对于水平裂缝，则呈径向分布；注水时，裂缝是主要的渗流方向；在碳酸盐岩中，处于裂缝方向上的井产量较其他方向高，沿裂缝方向的渗透性比垂直裂缝方向的渗透性可高出几倍。

3. 裂缝张开度

裂缝张开度是指裂缝壁之间的垂直距离，或者指裂缝经矿物充填或溶蚀后留下的有效空间之间的垂直距离。国内外研究资料表明，地下深处岩石裂缝张开度的值是极小的，但这些微裂缝是裂缝型岩石中油气渗流的主要通道。在致密岩层中垂直裂缝因岩石侧向压力大大小于垂直压力，这些未闭合的垂直裂缝具有很高的渗透率，对油气的渗流具有决定性的影响。

2.3.2　裂缝物理模型的制作

根据物理模型的设计思路，我们选择片状材料进行叠合来模拟定向和垂直的均匀裂缝。将片状材料切割成物理模型设计要求的长、宽，然后叠合成要求的厚度，形成一个长方体的物理模型，每块模型的四角用长螺钉固定。片与片之间的空隙可视为裂缝，这样就形成了裂缝型物理模型(图 2-3)。实验选择环氧树脂板(厚度为 0.2mm、0.5mm)、铜片(厚度为 0.2mm、0.05mm)、铝片(厚度为 0.15mm)3 种材料来进行模型的制作。物理模型的材料、尺寸等参数见表 2-1。物理模型的制作过程：首先，将不同的材料切割成长 80mm、宽 60mm 的长方形，然后将长方形叠合成 52mm 高的长方体，用两块厚 6mm 的环氧树脂板做成夹板将模型夹住，在模型的 4 个角上钻出直径为 0.6mm 的孔，用长螺钉固定紧，形成 3 种材料、3 种裂缝密度的 5 个裂缝物理模型；然后，在铣床上将与裂缝垂直的上下端面铣平；最后，从粗、中到细用 3 种不同的砂纸进行人工打磨，直到符合实验测试的精度要求。

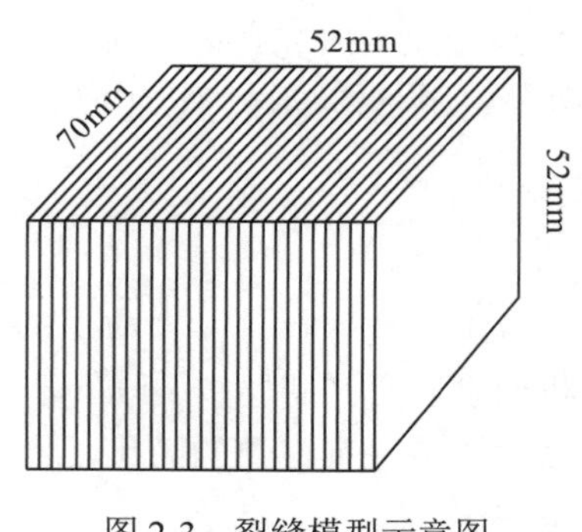

图 2-3　裂缝模型示意图

表 2-1　物理模型的材料、尺寸等参数

模型	材料名	单片厚度(mm)	叠加片数(片)	模型尺寸(mm×mm×mm)	裂缝密度(条/波长)
1	铜箔	0.05	1000	100×60×55	80～100
2	铜箔	0.2	250	80×63×55	20～30
3	铝合金板	0.15	350	80×67×55	25～35
4	环氧树脂板	0.5	100	80×61×55	8～10
5	环氧树脂板	0.2	250	80×60×55	20～30

2.3.3　裂缝物理模型的超声波实验测试

1. 裂缝方位变化的实验测试方法

在干燥和饱和水条件下，在 MTS 系统上我们选用直径为 25mm、中心频率为 1MHz 的超声波发射-接收探头进行观测。测量方法是让超声波平行于裂缝面(即薄片面)方向传播。保证探头方向不变，以 10° 角度增量旋转模型，同时测量纵横波，其中横波每观测一次分别得到相同轴向两个偏振方向互相垂直的横波 S_1 和 S_2。这样可以观测到横波偏振方向与薄片延伸方向(或裂缝方向)之间的夹角变化对横波传播特征的影响。观测并记录透过模型的超声波。我们测试了 5 个模型在干燥和饱和水条件下的记录，得到了相应的超声波实验数据。

2. 裂缝张开度变化的实验测试方法

沿垂直裂缝面方向，在 MTS 系统上对物理模型施加不同的轴向压力，在受压情况下，模型板之间的微裂缝必然闭合，且随轴向压力的不同，闭合程度亦不同；根据模型厚度的减小量，可求出裂缝宽度(即张开度)的变化量。每改变一次轴向压力就从 MTS 系统记录模型厚度的减小量，并观测和记录通过模型的纵横波，得到不同裂缝张开度下的超声波实验记录。

在进行裂缝张开度实验测试前，首先需要松开固定在模型上的螺钉，取下模型上的两块夹板，然后将螺钉固定在模型上，注意不要将螺钉上得太紧，以免模型产生变形，最后要测量和记录垂直裂缝面方向上模型的厚度。

2.3.4　裂缝物理模型实验结果分析

通过裂缝物理模型的超声波实验，记录各种测试条件下的测试数据和位移校正数据，经过对测试数据的滤波、去噪等处理，可大大提高超声波测试记录的质量。

通过正确读取有效波的初至时间，减去系统探头对接时测试的系统走时，可得到超声波穿过模型的走时，用模型长度除以走时可计算得到超声波的传播速度；也可从有效波的波峰和波谷读取振幅参数；可对有效波进行频谱分析来获取主频率和主振幅等参数。纵横波速度的计算可用下式进行：

$$V_{\mathrm{P}}=\frac{L}{T_{\mathrm{P}}},\quad V_{\mathrm{S}}=\frac{L}{T_{\mathrm{S}}}$$

式中，L 为模型测试的长度；T_{P} 为 P 波旅行时间；T_{S} 为 S 波旅行时间。

1. 裂缝密度和方位对纵横波的影响

在含裂隙介质和均匀介质中，地震波的传播特征是不同的。在含裂隙介质中，裂隙构成的方位各向异性，其对称轴垂直于裂隙方向(裂隙经常是平行的，且方向垂直)，平行于裂隙方向振动的地震波速度($V_{\mathrm{S}/\!/}$)大于垂直于裂隙方向振动的地震波速度($V_{\mathrm{S}\perp}$)，如果地震波的振动既不平行也不垂直于裂隙方向，则一个横波就会分裂成两个横波，且与偏振方向垂直，平行于裂隙的横波($\mathrm{S}_{/\!/}$)以较快的速度 $V_{\mathrm{S}/\!/}$ 传播，垂直于裂隙振动的横波($\mathrm{S}_{\perp}$)以较慢的速度 $V_{\mathrm{S}\perp}$ 传播，这种现象被称为横波分裂，或横波双折射。

横波的偏振方向与裂缝面方位呈不同角度时波场特征的变化，特别是横波偏振方向与裂缝面成任意角度时的横波分裂特征是我们最想知道的。从实验结果得到：在 5 种模型中，模型 1、5 产生了明显的横波分裂现象（图 2-4、图 2-5），模型 4 未观测到明显的横波分裂现象，仅有速度随方位的微小变化（图 2-6），模型 2、3 观察有横波分裂现象，但实验效果

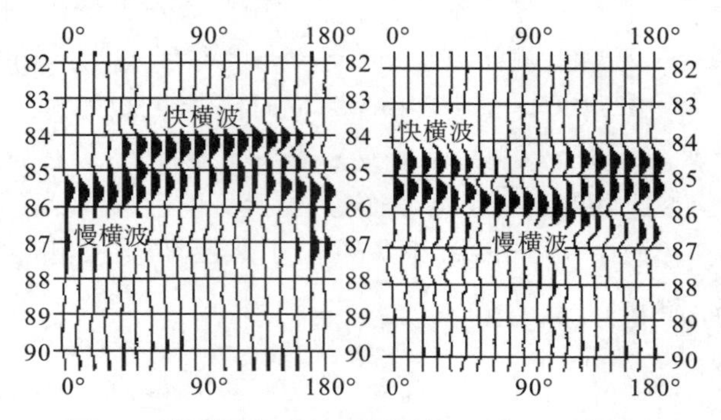

图 2-4　模型 1 超声波观测到的 S_1 波、S_2 波记录

注：横坐标为 S 波偏振方向与裂缝方位的夹角；纵坐标为超声波透过的时间（μs）。

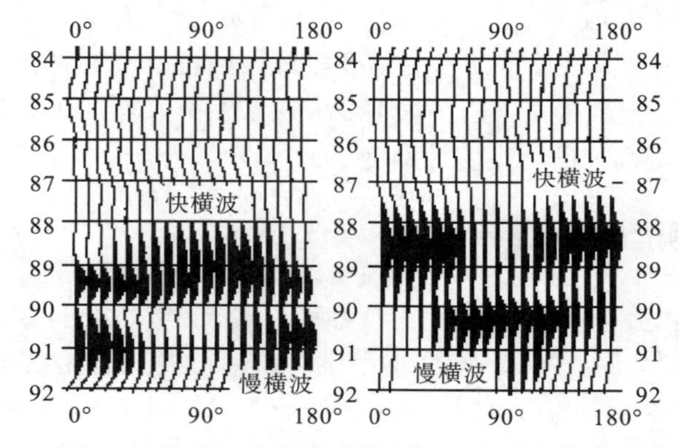

图 2-5　模型 5 超声波观测到的 S_1 波、S_2 波记录

注：横坐标为 S 波偏振方向与裂缝方位的夹角；纵坐标为超声波透过的时间（μs）。

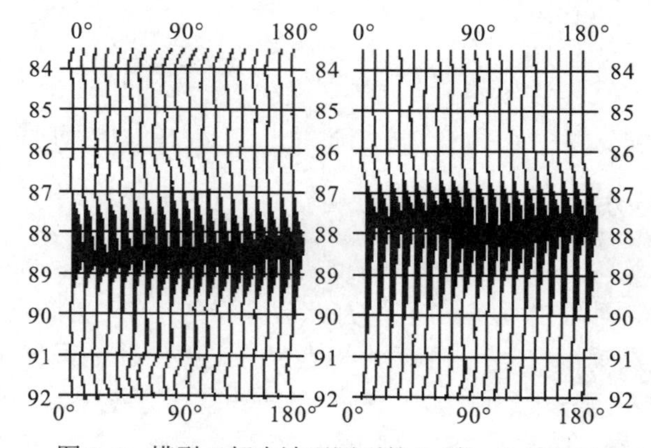

图 2-6　模型 4 超声波观测到的 S_1 波、S_2 波记录

注：横坐标为 S 波偏振方向与裂缝方位的夹角；纵坐标为超声波透过的时间（μs）。

不是很理想。实验结果与 Tatham 等得出的当每个波长约含 16 条裂缝时清楚地观测到了强的各向异性和横波分裂现象，而当每个波长约含 8 条裂缝时很难观测到各向异性和横波分裂现象的实验结论是相符合的，说明裂缝密度不同，引起的各向异性和横波分裂程度不同。

图 2-7、图 2-8 说明，随着横波偏振方向与裂缝面之间角度的变化，横波的速度、振幅都呈现出有规律的变化，即当横波偏振方向与裂缝面平行时，横波的速度、振幅最大；当横波偏振方向与裂缝面垂直时，横波的速度、振幅最小；当横波偏振方向与裂缝面斜交时，横波的速度、振幅介于两者之间。

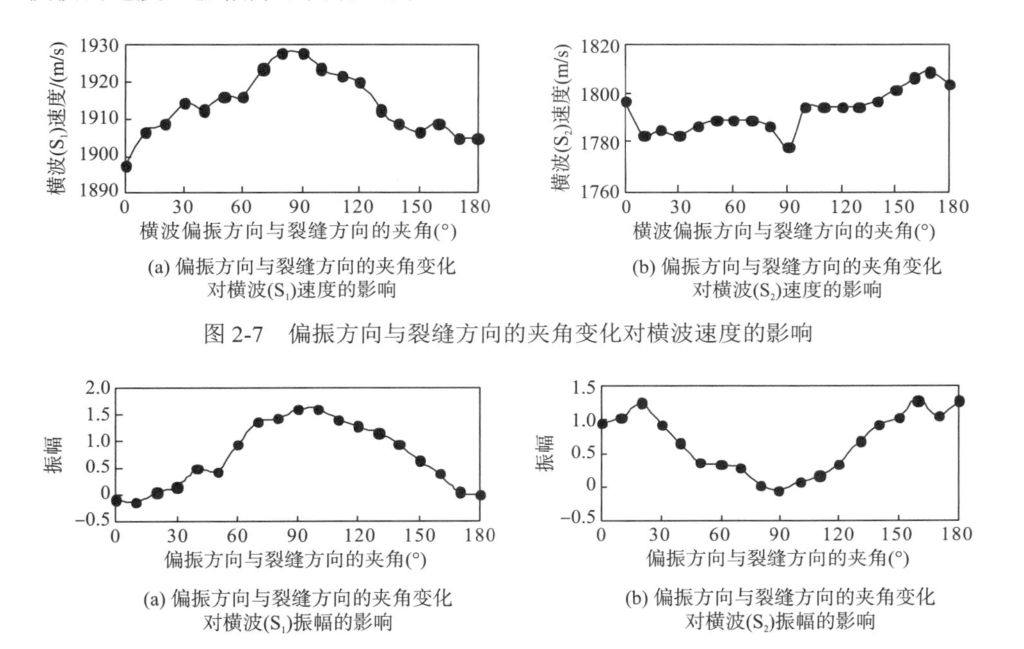

(a) 偏振方向与裂缝方向的夹角变化对横波(S_1)速度的影响

(b) 偏振方向与裂缝方向的夹角变化对横波(S_2)速度的影响

图 2-7　偏振方向与裂缝方向的夹角变化对横波速度的影响

(a) 偏振方向与裂缝方向的夹角变化对横波(S_1)振幅的影响

(b) 偏振方向与裂缝方向的夹角变化对横波(S_2)振幅的影响

图 2-8　偏振方向与裂缝方向的夹角变化对横波振幅的影响

图 2-9 说明，裂缝方位角的改变对平行于裂缝面传播的纵波速度和振幅影响较小。

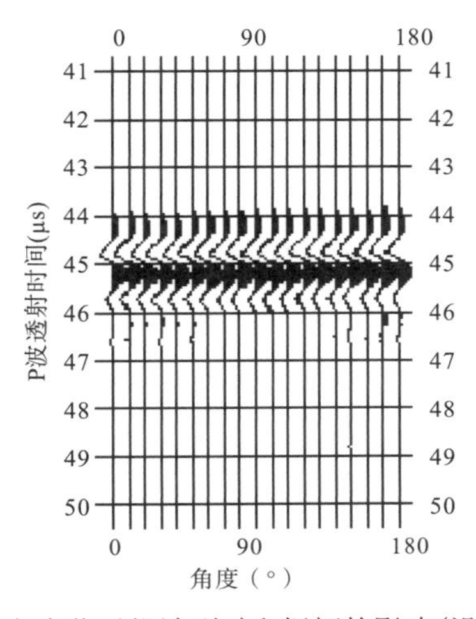

图 2-9　裂缝方位角变化对纵波到时和振幅的影响(沿裂缝面方向传播)

2. 裂缝张开度变化对纵横波传播的影响

纵波垂直模型的裂缝面传播时，裂缝张开度的变化对纵波速度、品质因子 Q、振幅、主频率、主振幅影响的实测结果见表 2-2。

横波垂直模型的裂缝面传播时，裂缝张开度的变化对横波速度、振幅影响的实测结果见表 2-3。

表 2-2　纵波垂直穿过裂缝面时裂缝张开度变化对纵波传播特征影响的实测结果

压力(kN)	张开度的减小量(μm)	纵波速度(m/s)	纵波速度的变化率(%)	纵波品质因子	纵波品质因子的变化率(%)	纵波振幅	纵波振幅的变化率(%)	纵波主频率(kHz)	纵波主频率的变化率(%)	纵波主振幅	纵波主振幅的变化率(%)
10	0	3480	0	5.81	0	0.0145	0	402	0	0.85	0
15	0.2548	3768	8	6.25	8	0.0278	92	585	46	1.58	86
18	0.3652	3947	13	6.50	12	0.0302	109	598	49	1.87	120
20	0.4756	4007	15	6.65	15	0.0430	197	610	52	3.14	269
25	0.6480	4016	15	7.80	34	0.0760	425	684	70	5.57	555
30	0.8336	4144	19	10.74	85	0.1229	749	732	82	13.08	1439
35	0.9576	4238	22	11.30	95	0.1684	1063	732	82	16.23	1809
40	1.0608	4279	23	18.09	212	0.1900	1212	745	85	17.41	1948

表 2-3　横波垂直穿过裂缝面时裂缝张开度变化对横波传播特征影响的实测结果

压力(kN)	张开度的减小量(μm)	横波(S_1)速度(m/s)	横波(S_1)速度的变化率(%)	横波(S_1)振幅	横波(S_1)振幅的变化率(%)	横波(S_2)速度(m/s)	横波(S_2)速度的变化率(%)	横波(S_2)振幅	横波(S_2)振幅的变化率(%)
10	0	1510	0	0.0246	0	1458	0	0.0259	0
15	0.2548	1607	6	0.0395	60	1554	7	0.0374	44
18	0.3652	1646	9	0.0524	113	1612	11	0.0682	163
20	0.4756	1704	13	0.0685	178	1686	16	0.0986	280
25	0.6480	1784	18	0.1331	440	1762	21	0.1283	395
30	0.8336	1855	23	0.2438	890	1854	27	0.2128	721
35	0.9576	1892	25	0.3267	1226	1903	31	0.3384	1206
40	1.0608	1915	27	0.3520	1329	1925	32	0.4112	1486

通过实验观测，随着裂缝面之间的缝隙，即裂缝张开度的逐渐减小，引起了地震波响应的变化，纵横波的速度、振幅、主频率、品质因子 Q 等属性参数也都随之发生了明显的变化。

从实验结果可知，随着裂缝张开度的变小，纵波速度、振幅、主频率、品质因子 Q 都明显增大。裂缝张开度的变化与纵波速度、主频率基本上呈线性变化关系(图 2-10、图 2-11)，而与纵波振幅呈指数关系(图 2-12)，与纵波品质因子 Q 呈幂指数关系(图 2-13)。

随着裂缝张开度的变小，横波速度、振幅都明显增大，裂缝张开度的变化与横波(S_1、S_2)速度基本上呈线性变化关系(图 2-14、图 2-15)，而与横波(S_1、S_2)振幅呈指数关系(图 2-16、图 2-17)。

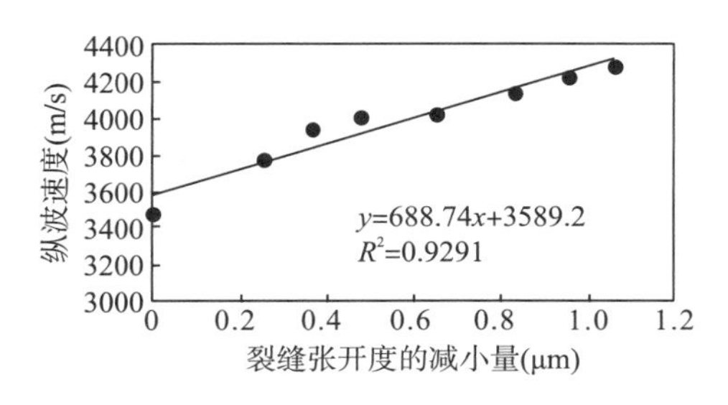

图 2-10　裂缝张开度的变化与纵波速度的关系

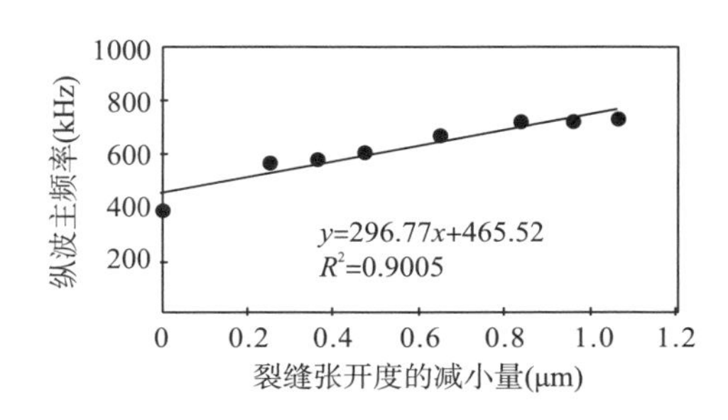

图 2-11　裂缝张开度的变化与纵波主频率的关系

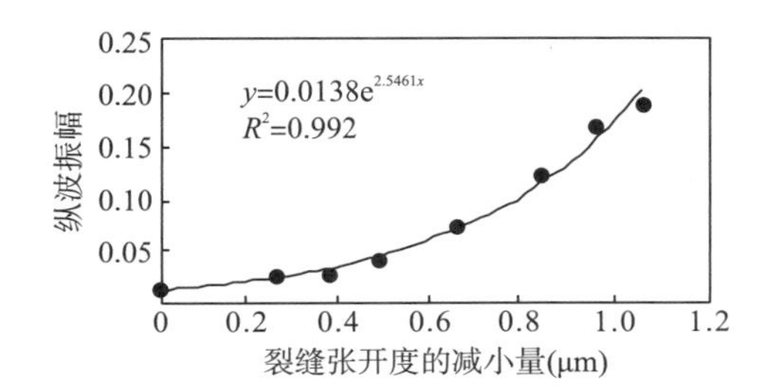

图 2-12　裂缝张开度的变化与纵波振幅的关系

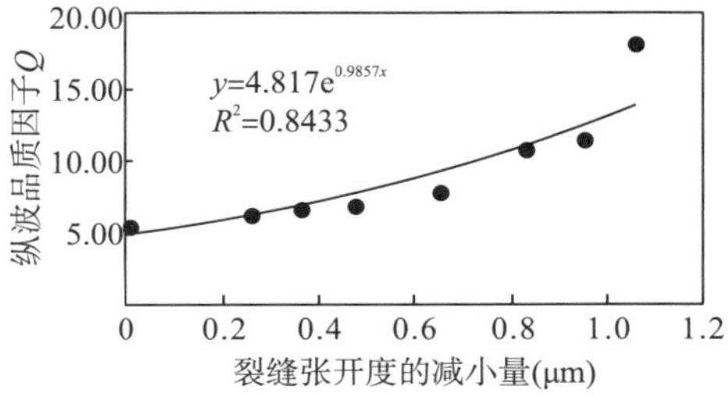

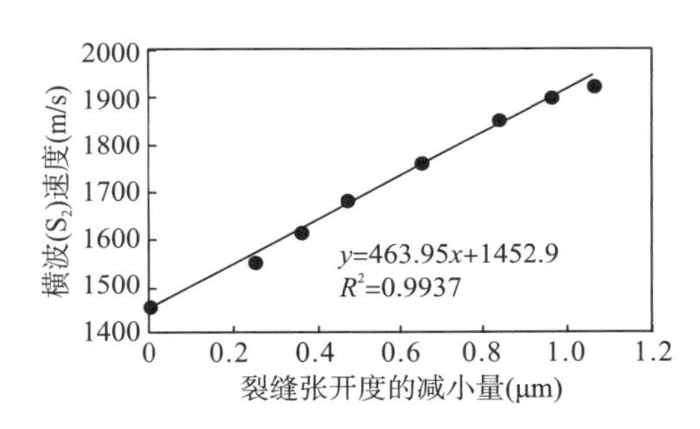

图 2-13　裂缝张开度的变化与纵波品质因子(Q)的关系

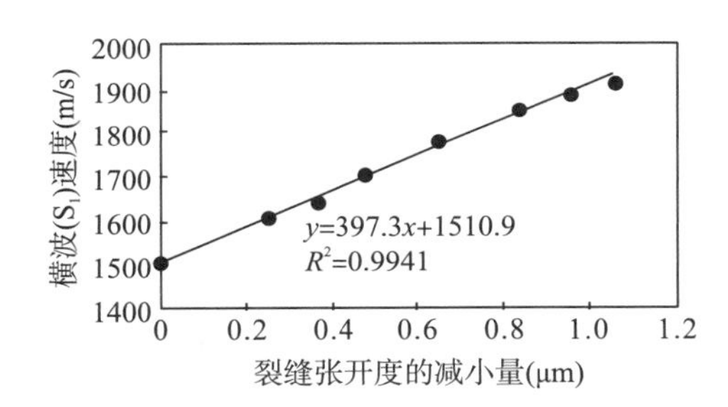

图 2-14　裂缝张开度与横波(S_1)速度的关系

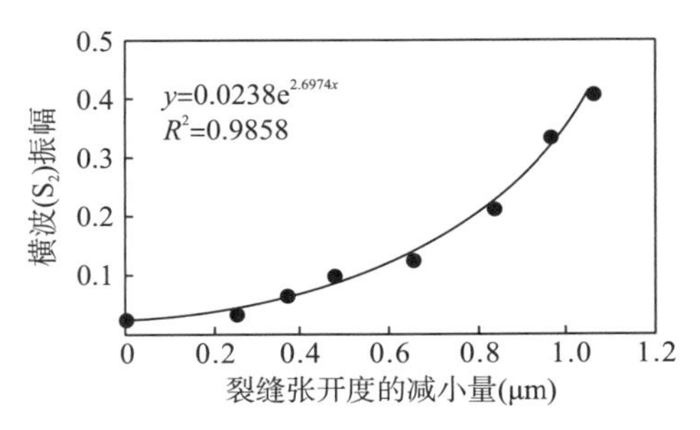

图 2-15　裂缝张开度与横波(S_2)速度的关系

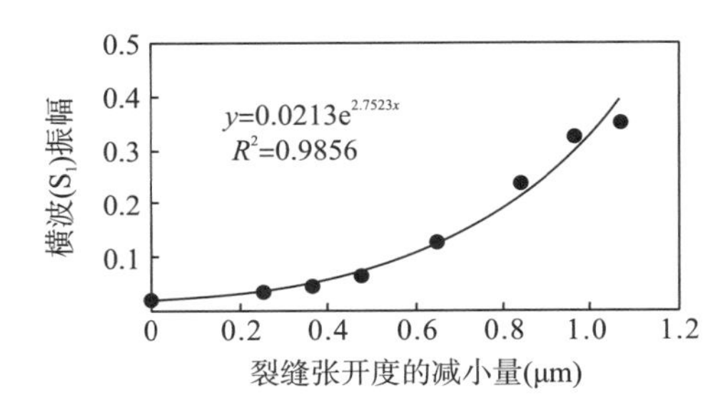

图 2-16　裂缝张开度与横波(S_1)振幅的关系

图 2-17　裂缝张开度与横波(S_2)振幅的关系

随着裂缝张开度的减小，纵波的速度、品质因子 Q、振幅、主频率都有不同程度的增加。当裂缝张开度减小大约 1μm 时，纵波速度增加约 23%(图 2-18)，主频率增大 89%(图 2-19)，而振幅增大达到 1212%(图 2-20)，品质因子 Q 增大 258.90%(图 2-21)。由此可见，纵波速度对裂缝张开度的变化相对最不敏感，品质因子 Q、振幅、主频率对裂缝张开度的变化非常敏感。

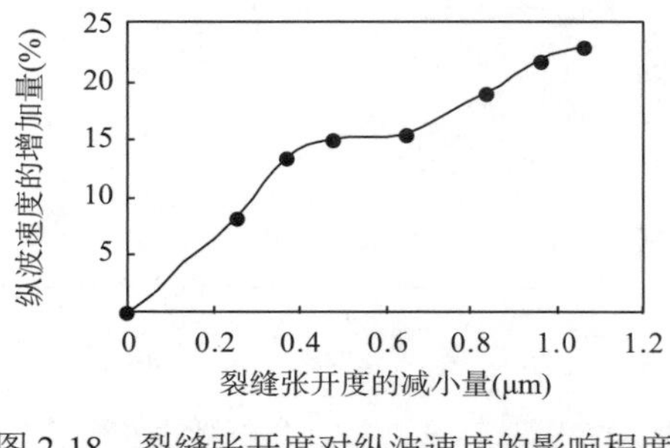

图 2-18　裂缝张开度对纵波速度的影响程度

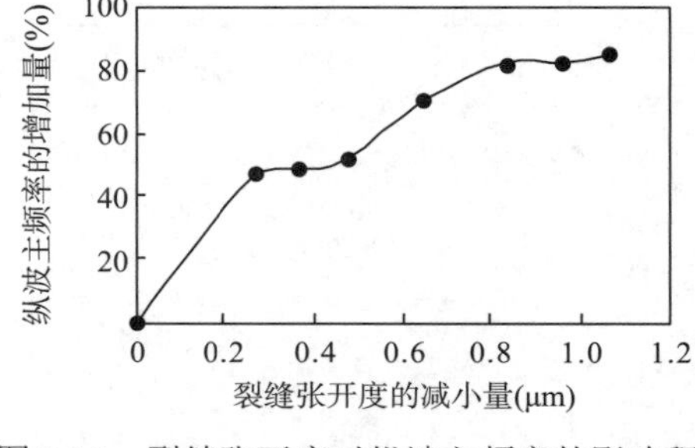

图 2-19　裂缝张开度对纵波主频率的影响程度

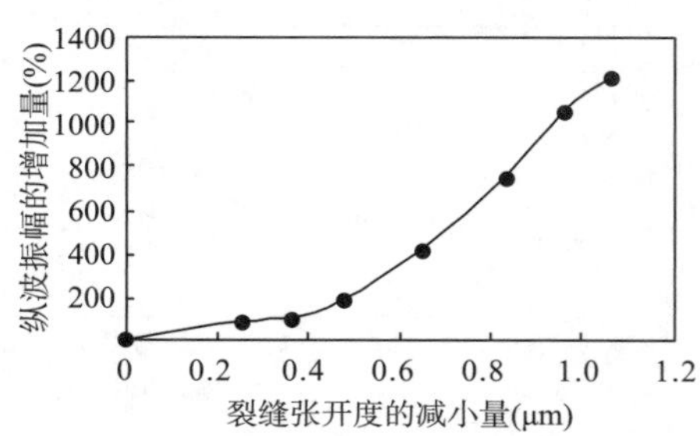

图 2-20　裂缝张开度对纵波振幅的影响程度

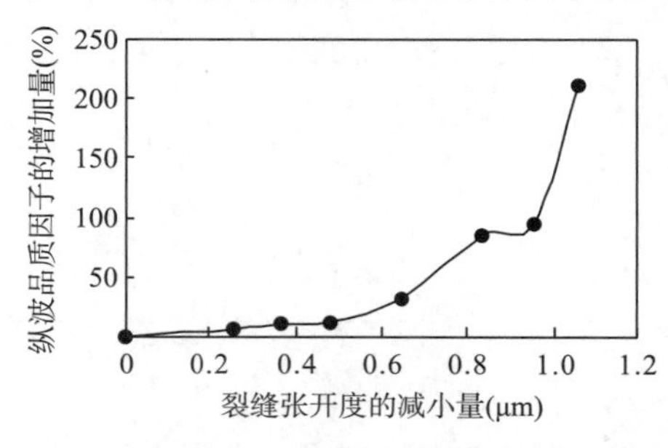

图 2-21　裂缝张开度对纵波品质因子 Q 的影响程度

随着裂缝张开度的减小，横波速度、振幅均有不同程度的增加。当裂缝张开度减小大约 1μm 时，横波 S_1 速度增加 27%(图 2-22)，横波 S_2 速度增加 23%(图 2-23)，横波 S_1 振幅增加 1329%(图 2-24)，横波 S_2 振幅增加 1486%(图 2-25)。由此可见，横波速度对裂缝张开度不太敏感，而横波振幅对裂缝张开度十分敏感。

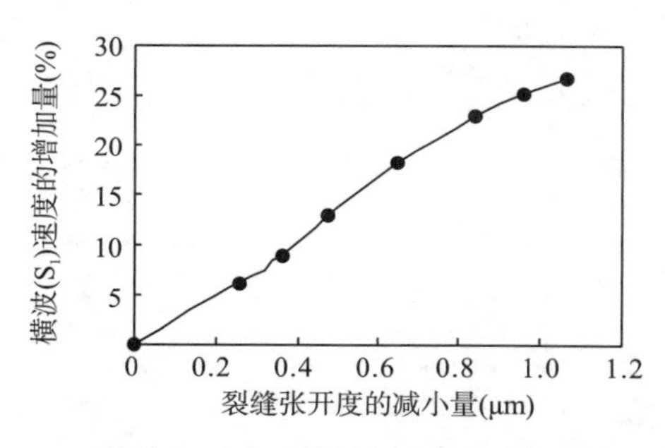

图 2-22　裂缝张开度对横波(S_1)速度的影响程度

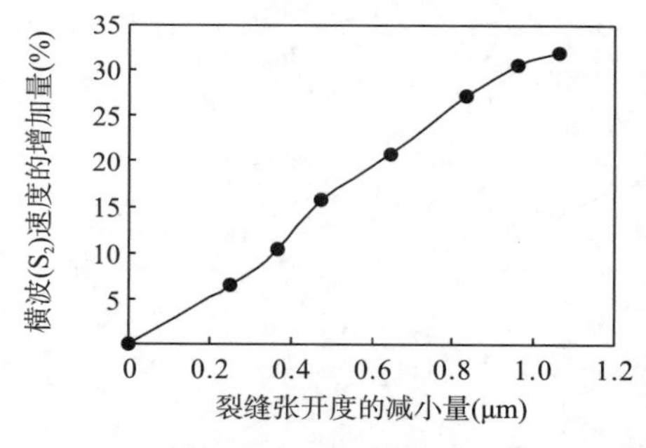

图 2-23　裂缝张开度对横波(S_2)速度的影响程度

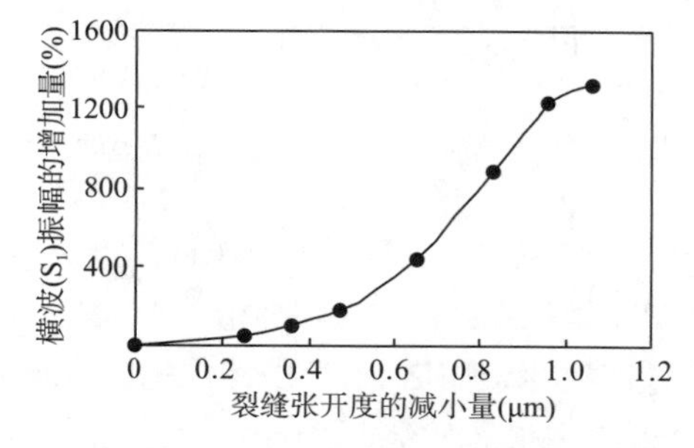

图 2-24　裂缝张开度对横波(S_1)振幅的影响程度

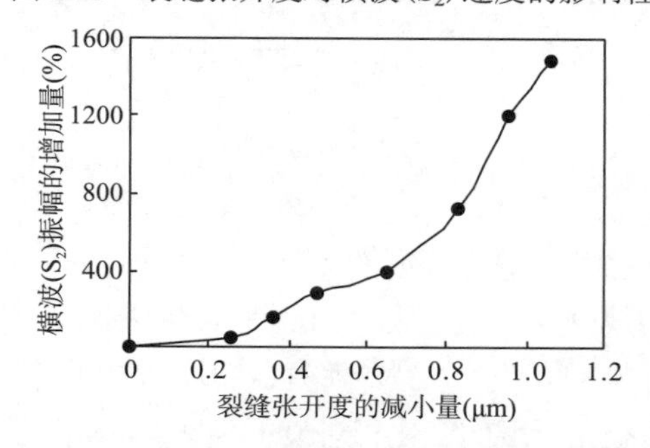

图 2-25　裂缝张开度对横波(S_2)振幅的影响程度

3. 不同传播方向纵横波传播速度的变化规律

纵横波传播方向平行和垂直裂缝面观测的速度见表2-4。由表中数据可知，纵横波沿垂直裂缝面方向传播的速度小于平行裂缝面方向传播的速度，其中纵波速度减小18%～19%，而横波速度减小45%～47%，说明裂缝对不同传播方向的纵横波速度的影响是明显的，并且对横波的影响较大。

表2-4 沿平行和垂直裂缝方向传播的纵横波速度对比表(饱和水状态下)

模型	波传播方向	纵波速度(m/s)	纵波速度的变化率(%)	横波速度(m/s)	横波速度的变化率(%)
2	平行裂缝方向	4420		2104	
	垂直裂缝方向	3480	18.88	1674	44.97
3	平行裂缝方向	6048		3015	
	垂直裂缝方向	5144	17.57	2061	46.29

4. 含流体裂缝参数对纵横波速度的影响

在模型干燥和饱和水状态下测得的纵横波速度见表2-5。由表中速度分析可知，纵波(P)在模型饱和水状态下测得的速度明显大于模型在干燥条件下的速度，增加幅度为5%～8%，而横波(S_1、S_2)在这两种状态下测得的速度变化较小。

表2-5 在模型干燥和饱和水两种状态下测得的纵横波速度

模型	$v_{P\text{-}d}$ (m/s)	$v_{P\text{-}w}$ (m/s)	纵波速度变化率(%)	$v_{S_1\text{-}d}$ (m/s)	$v_{S_1\text{-}w}$ (m/s)	S_1速度变化率(%)	$v_{S_2\text{-}d}$ (m/s)	$v_{S_2\text{-}w}$ (m/s)	S_2速度变化率(%)
模型1	4067	4276	5.14	2105	2104	−0.048	2123	2112	−0.518
模型2	4137	4420	6.84	2189	2104	−3.880	2120	2127	0.330
模型3	5593	6048	8.14	3052	3015	−1.210	3084	3073	−0.356
模型4	3904	4089	4.74	1907	—		1894	—	
模型5	3759	3979	5.85	1851	—		1846	—	

注：d表示干燥条件下；w表示饱和水条件下；P表示纵波；S_1、S_2表示偏振方向相互垂直的两横波。

2.3.5 裂缝密度、方位、张开度与地震响应之间的关系

根据上面的实验研究，归纳出下列变化规律：

(1)在横波平行裂缝面传播的情况下，当裂缝密度达到一定值以上时才能观测到横波分裂现象。从本次实验观测结果得到：当裂缝密度大于20条/波长时，即可观察到明显的横波分裂现象。当裂缝密度小于10条/波长时，很难观察到横波分裂现象。

(2)从观测到横波速度和振幅的变化可以得到：横波偏振方向平行裂缝方向时的速度和振幅大于偏振方向垂直裂缝方向的速度和振幅，且速度变化较小，而振幅变化较大。横波沿垂直裂缝面方向传播时，其传播速度和振幅与偏振方向无关。

(3)随着裂缝张开度的减小，垂直裂缝传播的纵波速度、品质因子Q、振幅、主频率

都有不同程度的增加。当裂缝张开度减小大约 1μm 时，纵波速度增加约 23%，主频率增大 89%，品质因子 Q 增大 258.90%，而振幅增大达到 1212%。纵波速度对裂缝张开度的变化相对最不敏感，品质因子 Q、振幅、主频率对裂缝张开度的变化非常敏感。

(4) 随着裂缝张开度的减小，垂直裂缝传播的横波速度、振幅都有不同程度的增加。但振幅变化的幅度远远大于速度变化的幅度。例如，当裂缝张开度减小大约 1μm 时，横波 S_1 速度增加 27%，横波 S_2 速度增加 23%，而横波 S_1 振幅增加 1329%，横波 S_2 振幅增加 1486%。由此可见，横波速度对裂缝张开度的变化不太敏感，而横波振幅对裂缝张开度的变化十分敏感。

(5) 纵横波沿垂直裂缝面方向传播的速度小于平行裂缝面方向传播的速度，其中纵波速度减小 18%～19%，而横波速度减小 45%～47%，说明裂缝对不同传播方向的纵横波速度的影响是明显的，并且对横波的影响较大。

(6) 流体对纵波的速度有明显的影响，而对横波的速度影响较小。

2.4　孔洞模型地震响应的测试与分析

塔河油田奥陶系碳酸盐岩储集层中发育有大量的溶蚀孔洞及大型洞穴，是极为重要的一类储渗空间。因而，研究孔洞系统对地震波特征的响应，分析孔洞分布和发育强度与地震波特征属性参数之间的关系，进而利用地震波的特征来了解、认识地下储集层中孔洞系统的分布和发育程度，对于油气勘探来说是重要的研究方法。物理模型的超声波实验作为地球物理学的重要研究手段，通过对人工物理模型的观测和分析，可以为地下孔洞系统的研究提供实验依据。我们利用人工制作的孔洞物理模型，通过超声波实验观测温压条件下不同孔洞密度模型中地震波传播的动力学和运动学特征，分析和研究了地震波对孔洞系统的特征响应。

2.4.1　岩石孔隙的物理特征和描述参数

地壳的绝大多数岩石中都存在孔隙。一般用岩石的孔隙度来描述和度量岩石中孔隙的多少。岩石的孔隙度表示为岩石中孔隙的体积 V_v 占岩石整个体积 V 的百分比。可用 η 来表示，即

$$\eta = \frac{V_v}{V} \tag{2-18}$$

除孔隙的大小以外，岩石中的孔隙按其形状可以分成两类：一类称为孔洞(pore)，另一类称为裂纹(crack)。我们把岩石孔隙的最小直径与最大直径之比称为纵横比 α (aspect ration)。孔洞的形状往往是等维球形或近于球形的，其纵横比 α 约为 1[图 2-26(a)]。裂纹的形状往往是狭长状的裂缝，其纵横比 α 远远小于 1[图 2-26(b)][8]。

基于上述两类孔隙类型，我们可以定义孔洞孔隙度(η_p)和裂纹孔隙度(η_c)分别为

$$\eta_p = \frac{V_p}{V} \tag{2-19}$$

$$\eta_c = \frac{V_c}{V} \tag{2-20}$$

式中，V_p 和 V_c 分别代表体积为 V 的岩石中孔洞和裂纹所占的体积。显然，岩石的孔隙度 η 应为 η_p 和 η_c 两者之和。

$$\eta = \eta_p + \eta_c \tag{2-21}$$

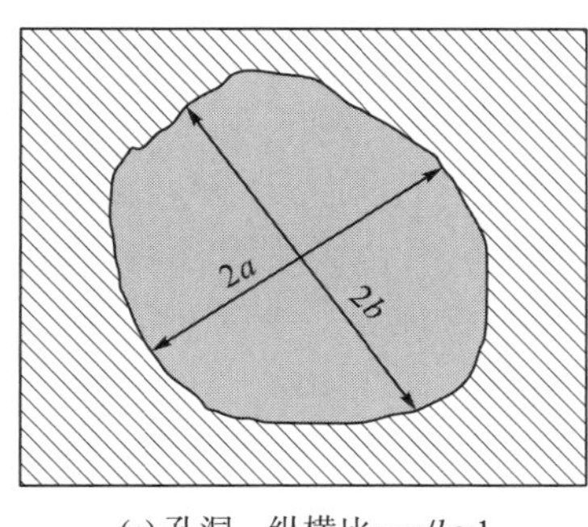
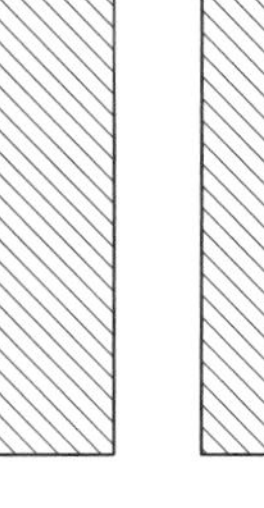

(a) 孔洞，纵横比$\alpha=a/b\approx1$

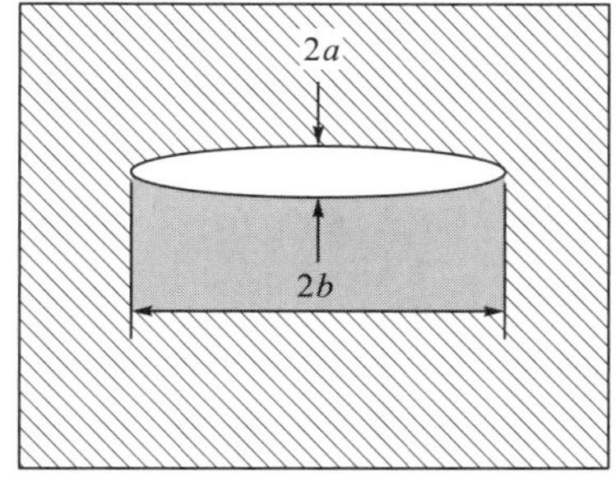

(b) 裂纹，纵横比$\alpha=a/b\ll1$

图 2-26　岩石中孔隙的两种形态[8]

2.4.2　孔洞模型的制作和实验测试技术

1. 孔洞模型的制作

根据物理模型的设计思路和方法，我们选用了环氧树脂板(厚度为 50mm)、有机玻璃棒(直径为 25.8mm)两种材料来进行物理模型的制作。

模型制作过程如下。

首先，将有机玻璃棒和环氧树脂板加工成直径为 25mm，长度为 50mm 左右的标准圆柱体模型(图 2-27)。其中，环氧树脂板采用与板面相垂直的钻取方式。采用排水法和称重法来测量和计算模型材料的密度。将模型在烘箱中烘干后在高精度电子天平 METTLER AE200(精度为万分之一克)上称得模型的质量。

然后，用 0.5mm 的钻头在模型上沿径向钻出长度不等的孔洞。根据前述孔洞孔隙度的计算方法，我们用钻取孔洞后模型质量的减小量与原有模型质量的比值代替孔洞体积与模型体积的比值，来定义模型的孔隙度，我们称之为模型的孔洞密度，用 η 来表示。

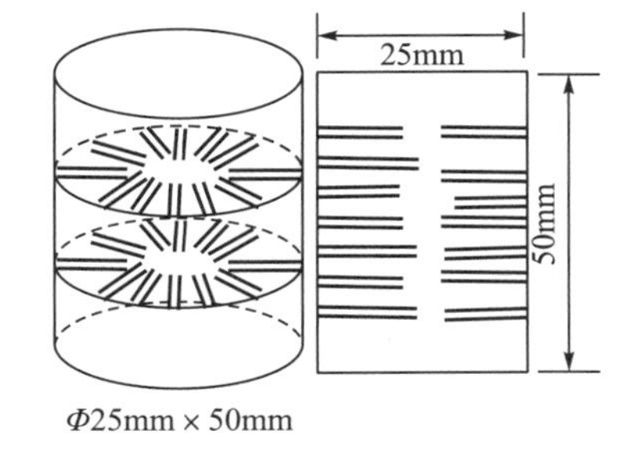

图 2-27　孔洞模型示意图

$$\eta = \frac{W - W_p}{W} \tag{2-22}$$

式中，W 为钻取孔洞前模型的质量；W_p 为钻取孔洞后模型的质量。

模型制作过程中注意控制孔洞密度的大小，使孔洞密度呈梯度变化。实验共制作了物理模型 25 个。其中，有机玻璃模型为 18 个，孔洞密度变化范围为 0～10.3%，环氧树脂模型为 7 个，孔洞密度变化范围为 0～7.12%。

2. 孔洞模型的实验测试

本次温压条件下孔洞储层物理模型测试是在 MTS 岩石物理参数测试系统上采用穿透方法进行测量的。具体情况如下。

测试试样：有机玻璃模型 8 个，孔洞密度变化为 0～10.3%(0、1.1%、2.1%、3.3%、4.7%、6.1%、8.2%、10.3%)，均饱和水，孔洞物理模型规格如图 2-27 所示。

测试条件：轴压为 5kN，围压范围为 0.1～70MPa(0.1MPa、5MPa、10MPa、20MPa、30MPa、40MPa、50MPa、60MPa、70MPa)，温度范围为 40～70℃。

测试方式(两种)：室温下，孔洞密度一定，升围压；围压一定，升温度。

本次实验测试在不同围压(P)及温度(T)条件下，不同孔洞密度(η)的模型对超声波速度(V_p)、主振幅(MA)、主频率(MF)、品质因子(Q)等属性参数的影响，分析它们之间的关系和变化规律。

2.4.3　孔洞模型实验测试结果分析

本次测试获得的温压条件模式下不同孔洞密度时的地震波属性参数有纵波速度、振幅、频率、品质因子(采用谱比法计算得到)，它们之间具有以下相关关系。

(1)在温度保持不变的情况下，当孔洞密度一定时，随着围压的增加，纵波速度线性增加，围压从 0.1MPa 增加到 70MPa 时，速度增幅范围为 5.2%～12.7%；当围压一定时，随着孔洞密度的增加，纵波速度总体上呈减小的趋势，但变化率较小，在 2%～4%之间。当围压增大到 70MPa 时，随着孔洞密度增加，纵波速度的变化趋于平缓，如图 2-28 所示。

(2)从纵波主振幅的变化可看出，主振幅对孔洞密度的变化非常敏感，随着孔洞密度的增大，振幅衰减相当快，当孔洞密度增加到 0.06 时，主振幅已衰减得相当微弱。当围压和孔洞密度均发生改变时，纵波主振幅的变化受两者共同影响，围压从 0.1MPa 到 70MPa 变化，孔洞密度从 0～10.3%变化时，纵波主振幅的变化幅度相当大，幅度降低范围可达到 2500%～511%，如图 2-29 所示。

(3)纵波的主频率与孔洞密度呈线性关系，随着孔洞密度的增加，纵波主频率逐渐向低频方向移动，如图 2-30 所示。

(4)采用谱比法计算纵波品质因子，随着孔洞密度的增加，纵波的品质因子总体上呈减小的趋势。纵波品质因子与围压和孔洞密度之间的关系如图 2-31 所示。

(5)当孔洞密度一定时，随着温度的增加，纵波速度线性降低，但变化率较小，在 2%～4%之间，如图 2-32 所示。

(6)在轴压和围压保持不变的情况下，当孔洞密度一定时，随着温度的增加，纵波主振幅有一定的减小，但变化率较小，在 2%～4%之间，如图 2-33 所示。

(7)在轴压和围压保持不变的情况下，当孔洞密度一定时，随着温度的增加，纵波主频率没有明显变化，如图 2-34 所示。

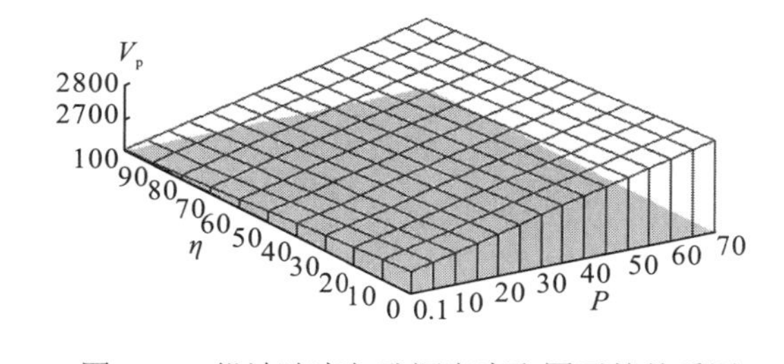

图 2-28　纵波速度与孔洞密度和围压的关系图

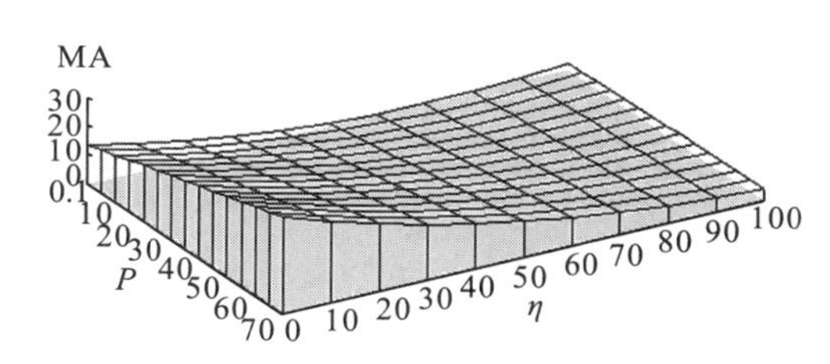

图 2-29　主振幅与孔洞密度和围压的关系图

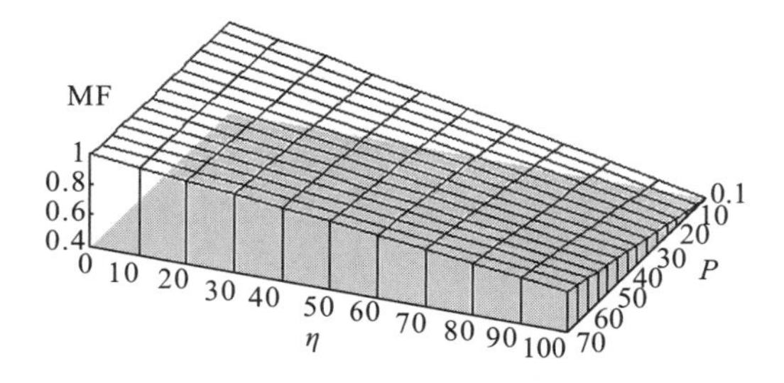

图 2-30　主频率与孔洞密度和围压的关系图

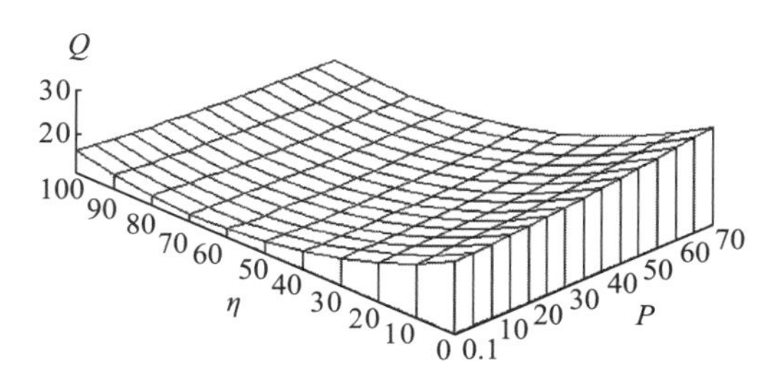

图 2-31　品质因子与孔洞密度和围压的关系图

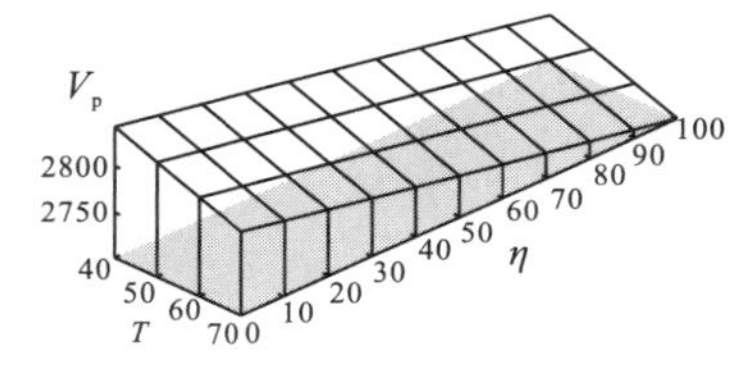

图 2-32　纵波速度与孔洞密度和温度的关系图

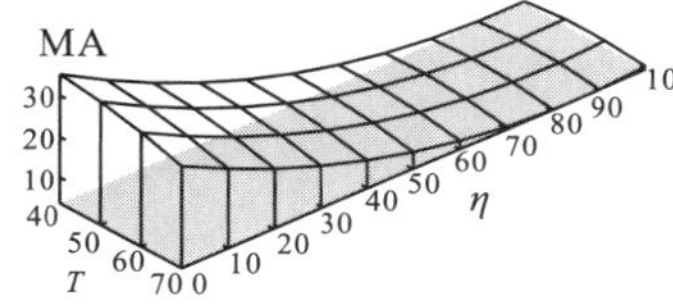

图 2-33　主振幅与孔洞密度和温度的关系图

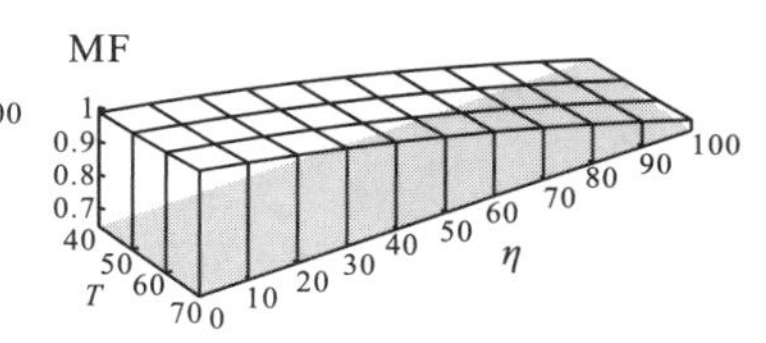

图 2-34　主频率与孔洞密度和温度的关系图

综上所述，可得如下结论：

(1) 模型孔洞密度的大小对地震波的属性参数有着明显的影响，随着模型孔洞密度的增加，地震波的各项属性参数总体上都呈下降的趋势，但各项参数的变化幅度不同。

(2) 围压对孔洞模型地震波的各项属性参数有明显的影响。随着孔洞模型所受围压的不断增加，地震波的响应变强，地震波速度、振幅、品质因子 Q 和主频率等属性参数也逐渐增大，并且它们与围压之间存在一定的相关关系。

(3) 温度对孔洞模型地震波的各项属性参数有一定的影响，但影响的程度不大。随着孔洞模型所受温度的不断升高，地震波速度、振幅、品质因子 Q 和主频率等属性参数均略有减小，但不明显。

(4) 在受孔洞密度大小影响的地震波属性参数中，地震波主振幅、主频率、品质因子 Q 的变化幅度普遍比速度高 1～3 个数量级，说明地震波的动力学参数比运动学参数对孔洞密度的变化更为敏感。这为利用地震波的动力学参数来检测地下岩层中孔洞的分布和发育带提供了实验依据。

在对实验测试数据进行资料处理时应注意正确拾取波的各种参数。资料处理过程中主要应注意以下几个方面：①在波的干扰较小时，拾取容易；若存在干扰，则须进行一些压制噪声(如滤波)的处理，才能准确拾取波的初至；②在波形清晰时，振幅的拾取比较容易；在波形复杂时，须进行一些处理和对比；③要根据实验测试过程中系统参数的变化对模型和系统在受温压控制下长度的变形量进行正确的校正和处理；④根据处理分析的要求，需要编制一些初步的参数测试分析的处理程序，如超声波数据的读取处理、物性分析的数据结构、波的衰减和品质因子的计算等程序。

2.5 缝洞模型地震响应的测试与分析

从塔河油田储层特征来看，灰岩储层主要分为3类，即Ⅰ、Ⅱ、Ⅲ类。

Ⅰ类：包括两种储集类型，即裂缝-孔洞型和裂缝-溶洞型。这类储层是该区最重要的储层，其孔、洞、缝均发育且以孔洞为主。Ⅱ类：裂缝型，是该区分布最广泛的储层。其孔、洞均不发育，以裂缝为主。Ⅲ类：是孔、洞、缝均不发育的非有效储层。因而缝洞型储层的地震响应研究，对认识塔河油田储层特征具有重要的实际意义。我们在定向裂缝、孔洞模型地震响应的测试和分析的基础上，在实验室制作了定向裂缝+孔洞型缝洞物理模型，通过超声波的测试来研究模型缝洞特征引起的地震响应。分析模型缝洞特征与地震波属性参数之间的变化规律。

根据塔河油田储层特点，我们设计制作了单孔洞缝模型、水平裂缝+孔洞型(PTL-P型)缝洞模型和垂直裂缝+孔洞型(EDA-P 型)缝洞模型 3 种类型的物理模型，并进行了压力条件下的测试、处理和分析。

2.5.1 单孔洞缝模型的制作和实验测试与分析

随着我国石油勘探工作的深入，面临的勘探对象和难度也越来越大。有些复杂地质现象的波场特征还认识不清，需要通过地震物理模型进行模拟研究。碳酸盐岩储层中的裂缝和溶蚀孔洞(统称缝洞)系统是油气的主要储集空间和运移通道，查明和预测碳酸盐岩储层中缝洞系统成为寻找该类油气藏的关键。国内外许多学者利用人工物理模型开展了储层中孔(裂)隙模拟的实验研究。在储层孔(裂)隙模拟的人工物理模型实验中，多以裂缝模型为主，主要研究裂缝属性(裂缝密度、方位和张开度)与纵横波属性(横波分裂、纵波方位等)的关系。

对于地震缝洞系统的地震响应研究我们感兴趣的是缝洞具有的多尺度性，但油气地震勘探只有几米至数十米的分辨率，除大的缝和洞之外，多数单个的缝和洞无法用地震探测方法分辨和识别。但由无数个细小的缝和洞组成的缝洞系统或缝洞发育带是否有可能被检测？对油气储层而言，缝洞发育带的存在是否是真正有意义的？对储层(特别是碳酸盐岩储层)中大量发育的孔洞缝，提出了孔洞缝储层研究的物理模拟方法，本次实验从缝洞系统中抽取制作了单孔洞缝物理模型，主要目的是想探讨在缝洞系统中单个缝洞的大小和形状对地震属性参数的影响是怎样的？通过超声波的测试来研究模型缝洞特征引起的地震响应，分析模型单孔洞缝特征与地震波属性参数之间的变化规律。

1. 单孔洞缝模型的制作

我们选用 45 钢来进行物理模型的制作。模型制作过程如下。

首先，将 45 钢钢板加工成直径为 25mm 的圆柱体，再切割成 6 个长度为 50mm 的标准圆柱体模型[图 2-35(a)]，编号为 G01、G02、G03、G04、G05、G06。

然后，采用机械加工的方法将其中的 5 个模型 G02、G03、G04、G05、G06 从中间切割开[图 2-35(b)]，最后在模型 G03、G04、G05、G06 正中间分别加工出一定大小的半球形或圆柱形孔洞[图 2-35(c)]，其孔洞尺寸和形状见表 2-6。

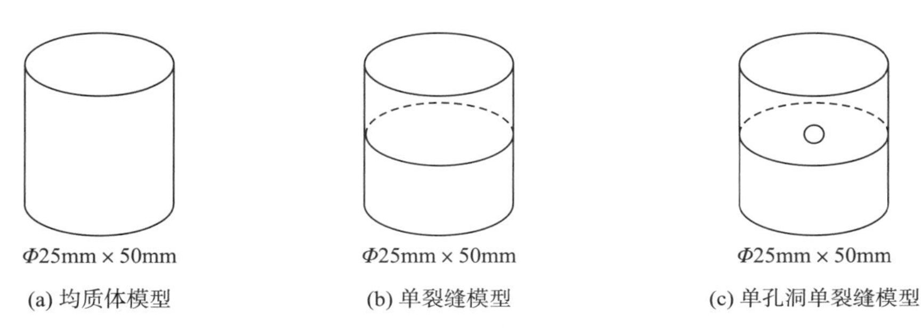

(a) 均质体模型　(b) 单裂缝模型　(c) 单孔洞单裂缝模型

图 2-35　单孔洞缝模型示意图

表 2-6　45 钢单孔洞单裂缝模型参数

编号	长度(mm)	直径(mm)	单孔洞尺寸(mm)	单孔洞缝体积(mm^3)	孔洞缝密度(%)
G01	50.1	25	0	0	0
G02	50.4	25	Φ0(单裂缝宽 0.0449)	22.03	0.09
G03	50.3	25	Φ3(球体+单裂缝)	36.16	0.15
G04	50.6	25	Φ6(球体+单裂缝)	135.07	0.55
G05	50.1	25	Φ12(球体+单裂缝)	926.35	3.76
G06	50.0	25	Φ12×8(圆柱体+单裂缝)	926.35	3.78

根据孔洞孔隙度的计算方法，用孔洞缝体积与模型体积的比值来定义模型的孔隙度，我们称之为模型的孔洞缝密度，用 η 来表示。

$$\eta = \frac{V_{\mathrm{p}}}{V} \tag{2-23}$$

式中，V 为钻取孔洞缝前模型的体积；V_{p} 为模型的孔洞缝的体积。

实验共制作了 6 个物理模型(图 2-36)，模型参数见表 2-6。

裂缝尺寸根据模型切割前后尺寸变化测量计算得到。

图 2-36　45 钢单孔洞缝模型实物照片

2. 实验测试方法和技术

模型测试是在常温(25℃)下，轴压的变化为 5kN、10kN、20kN、30kN、40kN、50kN、60kN，在 MTS 岩石超声波测试子系统上采用穿透方法进行的，即用直径为 25mm 的发射探头发射一个中心频率为 1MHz 的超声波脉冲，测量该脉冲透过模型到达接收探头的纵波初至时间。根据纵波初至时间和模型长度即可计算出超声波穿过模型的纵波速度。

3. 实验测试结果与分析

单孔洞单裂缝模型实验测试主要研究在常温下不同的轴压条件下，不同大小、不同形状的单孔洞模型对超声波速度、振幅、主频率、衰减等属性参数的影响，分析它们之间的关系和变化规律。通过对 45 钢模型实验测试结果的处理和分析，可以得到以下认识。

(1) 当存在缝洞时，纵波由于衰减作用，测试接收到的有效波波形变差，背景噪声强，难以识别和提取有效波的特征属性和参数。图 2-37、图 2-38 所示为孔洞密度为 0 和 0.09% 的纵波波形的对比图。可以看出，孔洞缝对纵波波形的影响明显，均质体模型的有效波的初至清晰，振幅强；而含有孔洞缝的模型的纵波波形特征差，难以读取有效波的特征参数，但随轴压的增加纵波波形变好(图 2-39)。

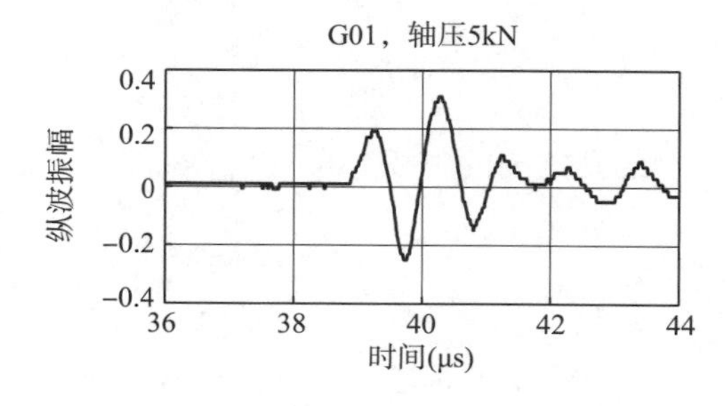

图 2-37　无孔洞缝模型的纵波波形

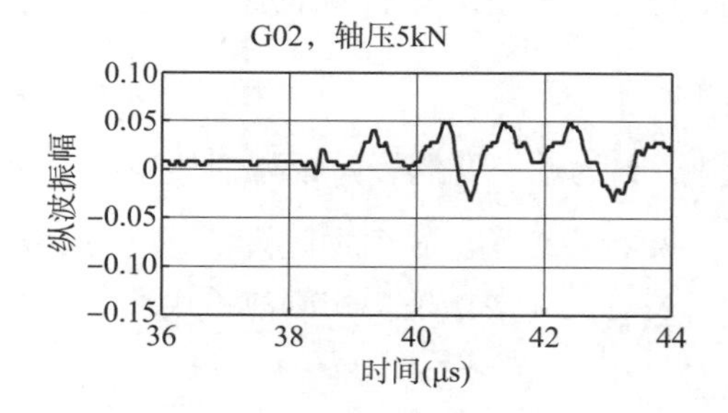

图 2-38　单裂缝模型的纵波波形

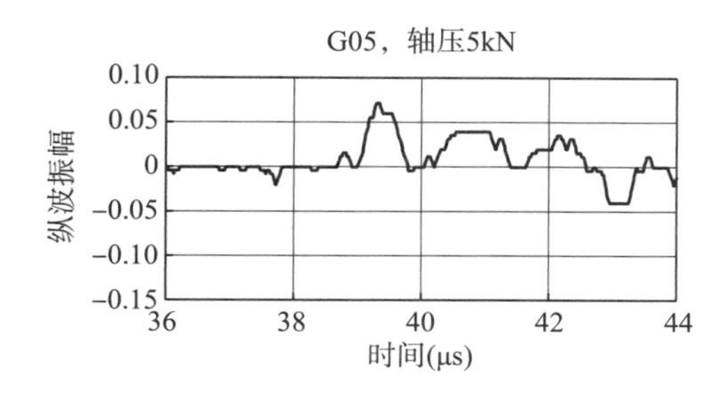

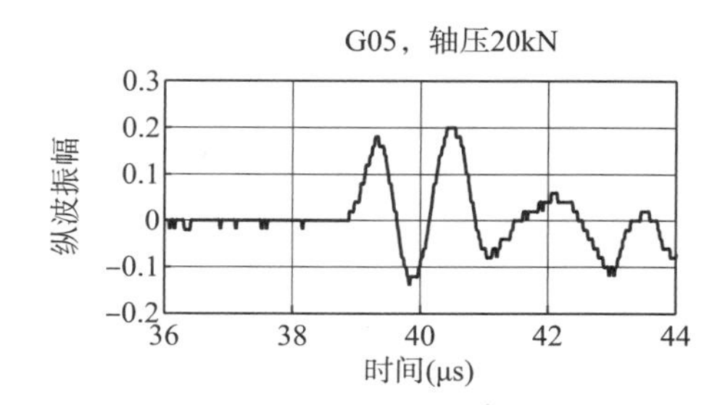

图 2-39　不同轴压下纵波波形对比

(2) 随着轴压的升高，模型 G01～G06 的纵波速度均呈上升趋势(图 2-40)，但随孔洞缝密度(孔洞缝密度范围为 0～3.78%)的增高纵波速度总体呈下降的趋势，但纵波速度变化率很小，仅为 2.24%；当孔洞大小一定时，不同形状的孔洞对纵波速度的影响不明显(图 2-41)。

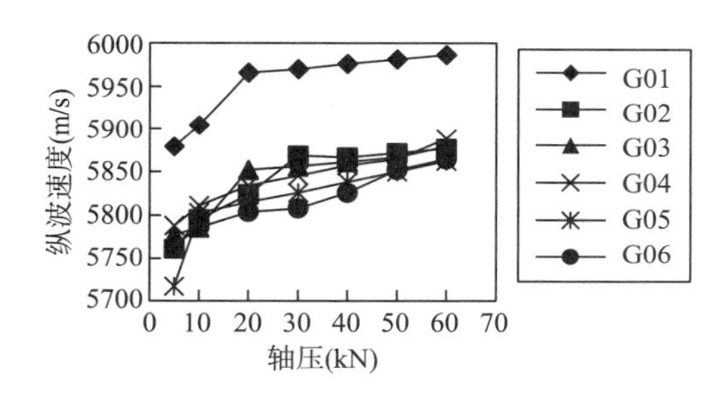

图 2-40　45 钢模型纵波速度与轴压的关系

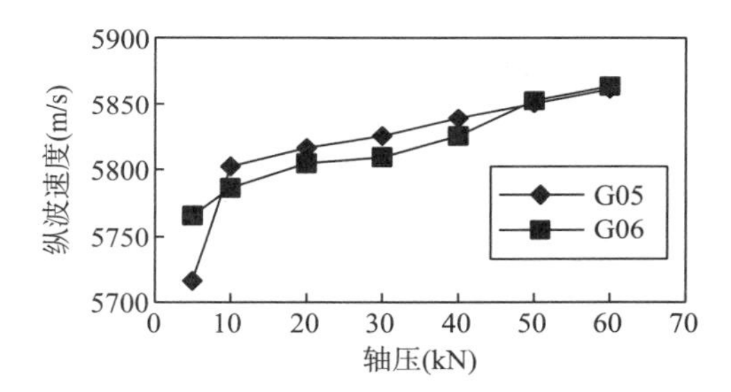

图 2-41　模型 G05 和 G06 纵波速度的比较

(3) 随着轴压的升高，模型 G01～G06 的纵波振幅均呈上升趋势(图 2-42)。从纵波振幅的变化可看出，振幅对孔洞缝密度的变化非常敏感，随着孔洞缝密度的增大，振幅衰减相当快，纵波振幅变化的幅度相当大，达到 659%(图 2-43)。从图中可以看出，相同条件下模型 G03 的振幅高于模型 G02 的振幅，其原因可能是模型 G03 的孔洞尺寸为超声波的半波长，波在孔洞中顶底反射相加而变强。当存在裂缝时，振幅明显降低(图 2-44)。当孔洞大小一定时，不同形状孔洞对纵波振幅的影响不明显(图 2-45)。

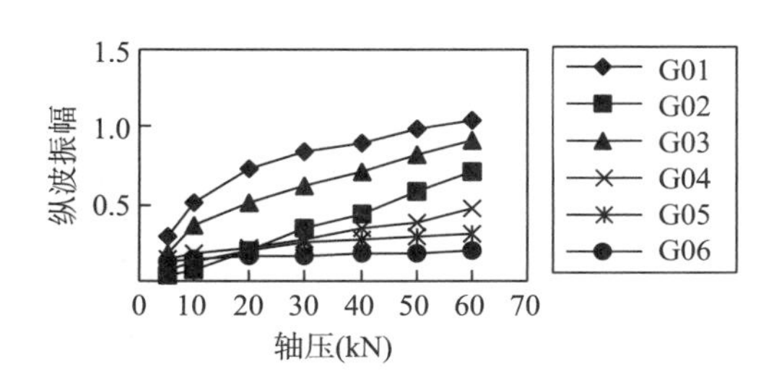

图 2-42　45 钢模型纵波振幅与轴压的关系

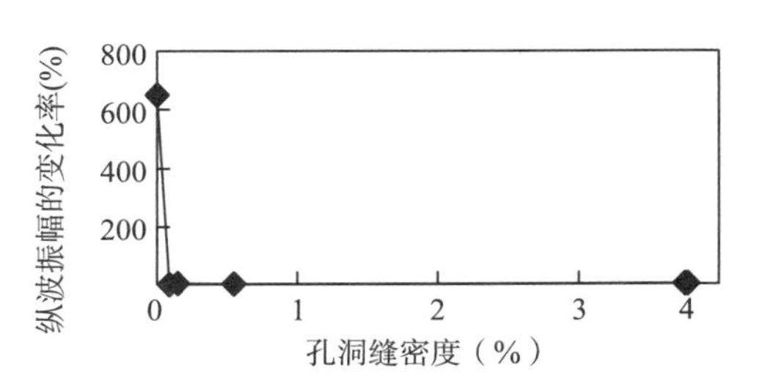

图 2-43　纵波振幅随孔洞缝密度的变化率

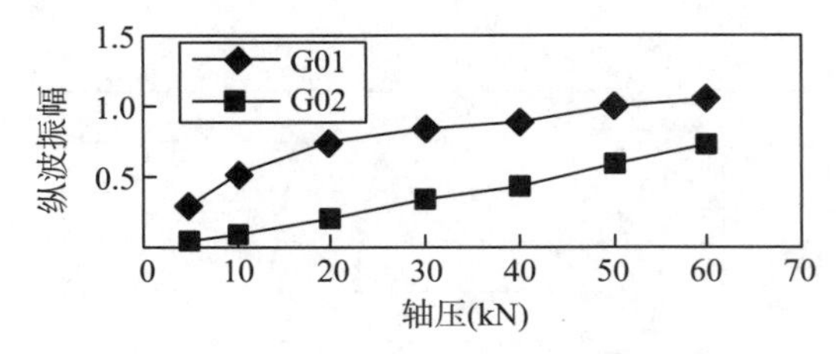

图 2-44　模型 G01 和 G02 纵波振幅的比较

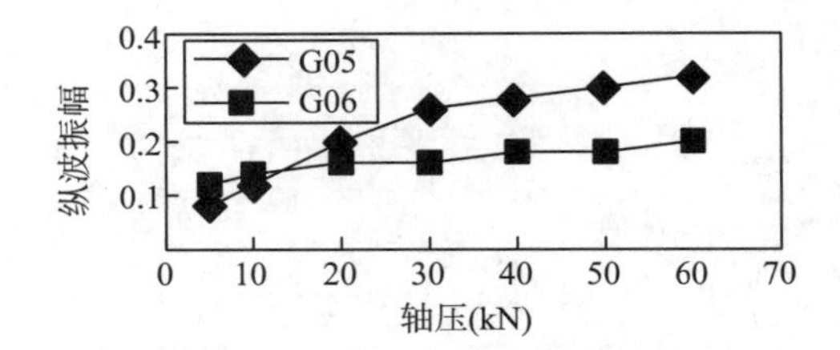

图 2-45　模型 G05 和 G06 纵波振幅的比较

(4)随着轴压的升高，模型 G01～G06 的纵波主振幅均呈上升趋势(图 2-46)。从纵波主振幅的变化可以看出，振幅对孔洞缝密度的变化非常敏感，随着孔洞缝的出现，振幅衰减相当快，纵波主振幅变化的幅度相当大，达到 458%(图 2-47)。当存在裂缝时，主振幅明显降低(图 2-48)。当孔洞大小一定时，不同形状孔洞对纵波振幅的影响不明显(图 2-49)。

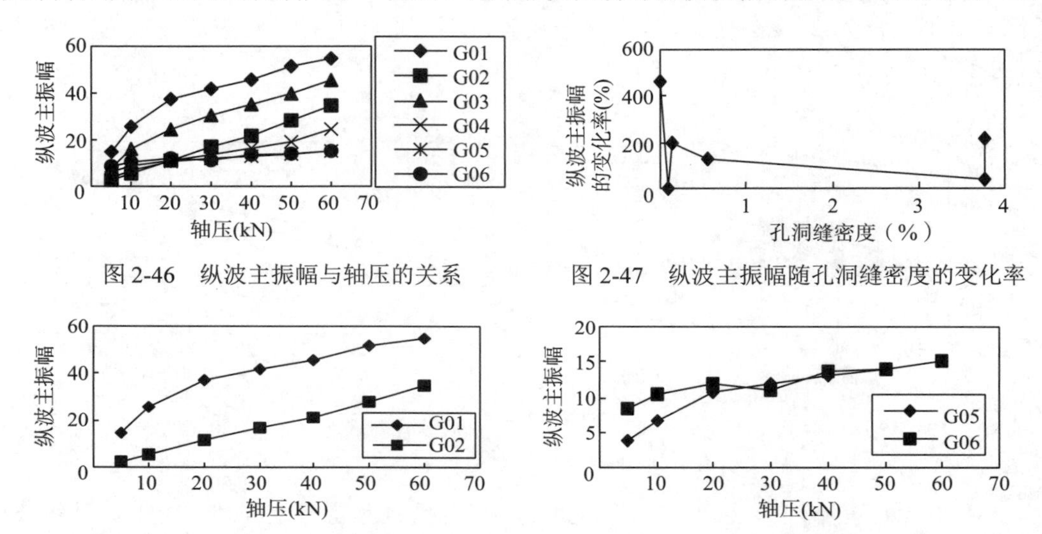

图 2-46　纵波主振幅与轴压的关系

图 2-47　纵波主振幅随孔洞缝密度的变化率

图 2-48　模型 G01 和 G02 纵波主振幅的比较

图 2-49　模型 G05 和 G06 纵波主振幅的比较

(5)采用谱比法计算得到纵波的品质因子 Q，随着轴压的升高，模型 G01～G06 的纵波品质因子 Q 均呈上升趋势(图 2-50)。随着孔洞缝密度的增加，纵波品质因子 Q 迅速变小，变化幅度为 397%(图 2-51)，显示出品质因子对孔洞缝密度的变化较为敏感。当孔洞大小一定时，不同形状孔洞对纵波品质因子 Q 的影响不明显(图 2-52)。当存在裂缝时，纵波品质因子 Q 明显降低(图 2-53)。

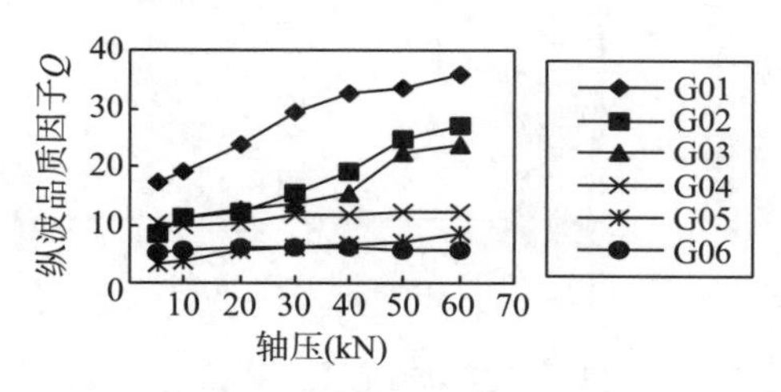

图 2-50　45 钢模型纵波品质因子与轴压的关系

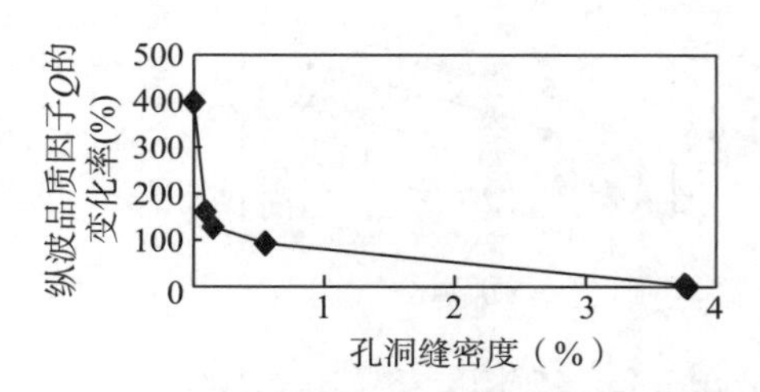

图 2-51　纵波品质因子 Q 随孔洞缝密度的变化率

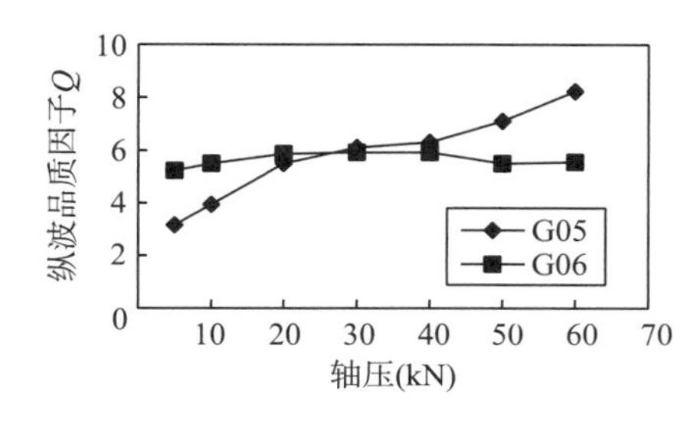

图 2-52　模型 G05 和 G06 纵波品质因子 Q 的比较

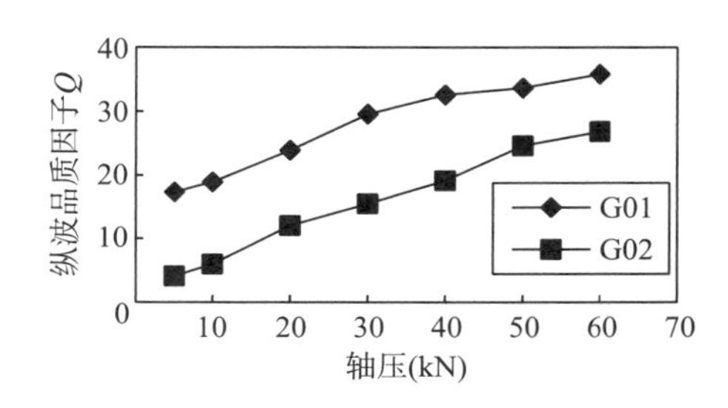

图 2-53　模型 G01 和 G02 纵波品质因子 Q 的比较

(6) 随着孔洞缝密度的增加，纵波主频率逐渐向低频方向移动，如图 2-54 和图 2-55 所示。

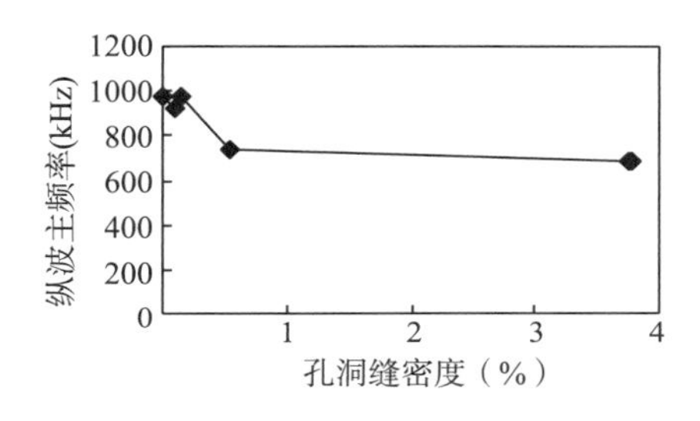

图 2-54　纵波主频率与孔洞缝密度的关系

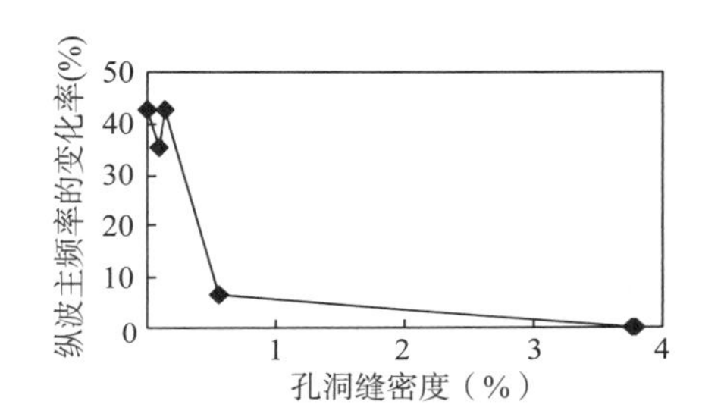

图 2-55　纵波主频率随孔洞缝密度的变化率

对储层(特别是碳酸盐岩储层)中大量发育的孔洞缝，提出了孔洞缝型储层研究的物理模型模拟方法，本次实验根据物理模型相似性原则从缝洞系统中抽取制作了单孔洞缝物理模型，主要的目的是探讨在缝洞系统中单个缝洞的大小、形状与地震属性参数之间的关系和变化规律以及与孔洞缝密度之间的关系。通过室内超声波实验观测不同孔洞缝密度物理模型的地震波特征响应，分析了孔洞缝密度的变化及孔洞的尺寸、形状对地震波属性参数的影响，重点讨论了孔洞缝密度与纵波属性的关系。实验表明，在受孔洞缝密度影响的地震波属性参数中，地震波振幅、主频率、品质因子 Q 的变化幅度普遍比速度高 2 个数量级，说明地震波的动力学参数比运动学参数对孔洞缝密度的变化更为敏感。这为利用地震波的动力学参数来检测地下岩层中孔洞缝的分布和发育带提供了实验依据。模型孔洞尺寸大小最大相差 4200%，但地震波各属性参数在相同数量级中变化，同时体积相同形状不同的洞对地震波各属性参数的影响不明显，说明地震波各属性参数对孔洞缝密度敏感，而对孔洞缝的实际尺寸大小及形状不敏感。这为用地震波检测缝洞发育带而不是单个的缝和洞提供了实验基础。

2.5.2　定向裂缝+孔洞型缝洞物理模型的制作和测试与分析

1. 定向裂缝+孔洞型缝洞物理模型的制作与测试

(1) 水平裂缝+孔洞型(PTL-P 型)缝洞物理模型：在 0.4mm 厚的环氧树脂板上钻取直径为 25mm 的小圆片，将小圆片叠合成厚 50mm 左右的圆柱体(每个圆柱体由 125 个小圆片叠合而成)。在小圆片上用 0.5mm 的钻头钻取不同数量缝孔洞，通过钻取孔洞前后叠合圆柱体质量的变化可计算出每个圆柱体孔洞缝密度，得到孔洞缝密度有梯度变化(0～9%)的水平裂缝+孔洞型缝洞物理模型 9 个(表 2-7)。

对水平裂缝+孔洞型(PTL-P 型)缝洞物理模型的测试：在常温条件下，通过变化轴压(20～60kN，干燥状态下每隔 5kN 测试一次)和变化围压(0.1～120MPa，饱和水状态下每隔 20MPa 测试一次)，得到多种压力条件下水平裂缝+孔洞型缝洞物理模型的纵横波测试记录。

(2)垂直裂缝+孔洞型(EDA-P 型)缝洞物理模型：将 1mm 厚的有机玻璃板切割成 60mm×70mm 的长方形，然后叠合成 60mm×70mm×55mm 的长方体，成为定向裂缝模型。在此基础上，在模型的有机玻璃片上用 0.5mm 的钻头钻取不同数量的孔洞，通过钻取孔洞前后模型质量的变化可计算出模型孔洞缝密度，得到孔洞缝密度有梯度变化(0～12%)的垂直裂缝+孔洞型缝洞物理模型 12 个。

对垂直裂缝+孔洞型(EDA-P 型)缝洞物理模型的测试：在常温和 25kN 左右的单轴压力条件下，让裂缝方向与超声波的传播方向平行，通过旋转垂直裂缝+孔洞型缝洞物理模型，测试得到模型在干燥和饱和水状态下的纵横波测试记录。

表 2-7　水平裂缝+孔洞型(PTL-P 型)缝洞物理模型参数表

编号	叠加片数(片)	单片厚度(mm)	长度(mm)	直径(mm)	密度(g/cm^3)	孔洞缝密度(%)
P11	125	0.4	50.51	25	1.73	0
P12	125	0.4	51.77	25	1.73	1.28
P13	125	0.4	52.22	25	1.73	2.14
P14	125	0.4	53.53	25	1.73	3.50
P15	125	0.4	53.23	25	1.73	4.73
P16	125	0.4	54.23	25	1.73	5.63
P17	125	0.4	53.59	25	1.73	6.72
P18	125	0.4	55.29	25	1.73	7.69
P19	125	0.4	54.42	25	1.73	8.69

(3)测试数据的处理。对上述各种状态下的超声波测试数据进行了处理，对压力条件下模型的长度变化进行了系统校正；通过滤波、谱比法等分析方法计算得到波的速度、振幅、品质因子、主频率和主振幅等属性参数。

2. 水平裂缝+孔洞型(PTL-P 型)缝洞物理模型实验结果分析

对于水平裂缝+孔洞型(PTL-P 型)缝洞物理模型而言，在实验测试时，横波的衰减远大于纵波，在上述测试条件下，横波的波形较差，难以从中提取有效波的各种属性参数。所以只对纵波的实验测试结果进行了分析。

1)轴压对纵波地震波属性参数的影响

从实验测试结果分析可以得到：随着轴压的增加，纵波的速度、振幅、品质因子、主频率和主振幅都有不同程度的增加。但对于不同的孔洞缝密度模型来讲，纵波属性参数的变化幅度有差异。当轴压从 20kN 变化到 60kN 时，纵波速度的变化小于 8%，纵波振幅的变化最大达 248%，纵波主振幅变化达 233%，纵波主频率变化最大为 45%，品质因子变化最大为 59%。图 2-56～图 2-60 给出了轴压变化对不同缝洞模型纵波速度、振幅、主频率、主振幅和品质因子的影响。

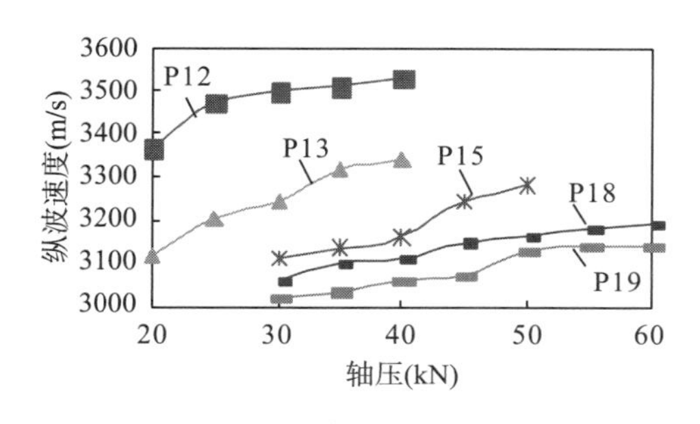

图 2-56 轴压对缝洞模型纵波速度的影响

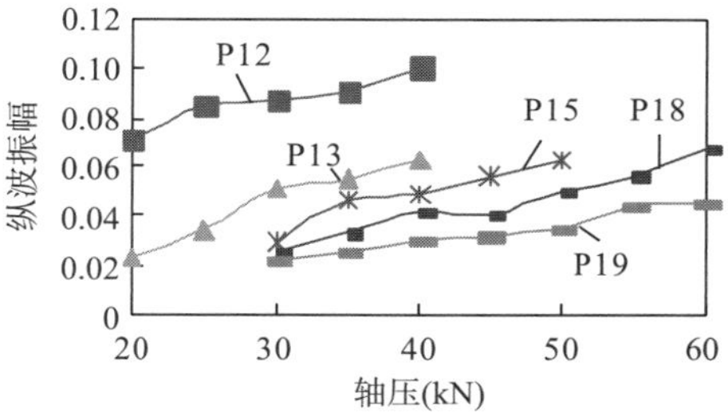

图 2-57 轴压对缝洞模型纵波振幅的影响

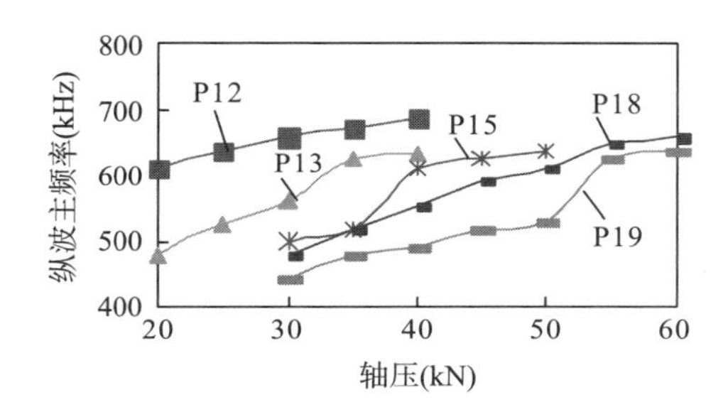

图 2-58 轴压对缝洞模型纵波主频率的影响

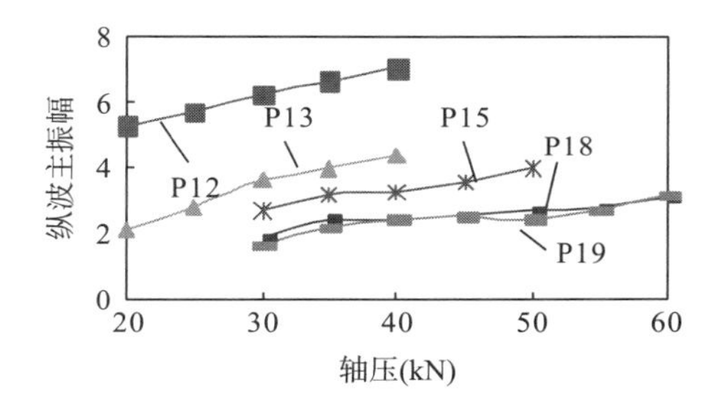

图 2-59 轴压对缝洞模型纵波主振幅的影响

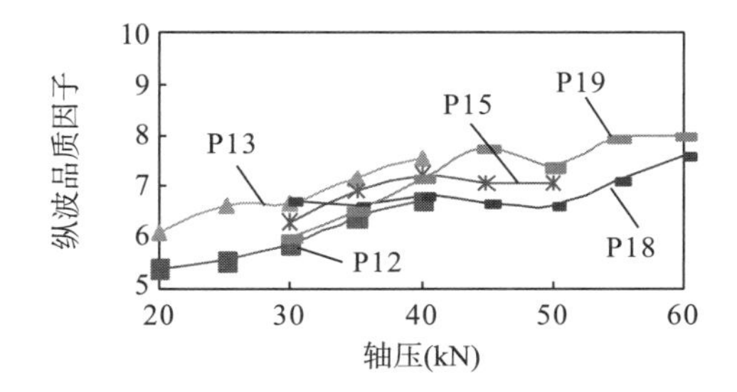

图 2-60 轴压对缝洞模型纵波品质因子的影响

2) 围压对纵波地震波属性参数的影响

从实验测试结果分析可以得到：随着围压的增加，纵波的速度、振幅、主频率、主振幅和品质因子都有不同程度的增加。但对于不同的孔洞缝密度模型来讲，纵波属性参数的变化幅度有着明显的不同。当围压由 0.1MPa 变化到 120MPa 时，纵波速度的变化在 10%以内，主频率、品质因子的变化为 10%～100%，比速度高出 1～2 个数量级，振幅、主振幅的变化为 100%～1300%，比速度高出 2～3 个数量级。图 2-61～图 2-65 给出了围压变化对不同缝洞模型纵波速度、振幅、主频率、主振幅和品质因子的影响。

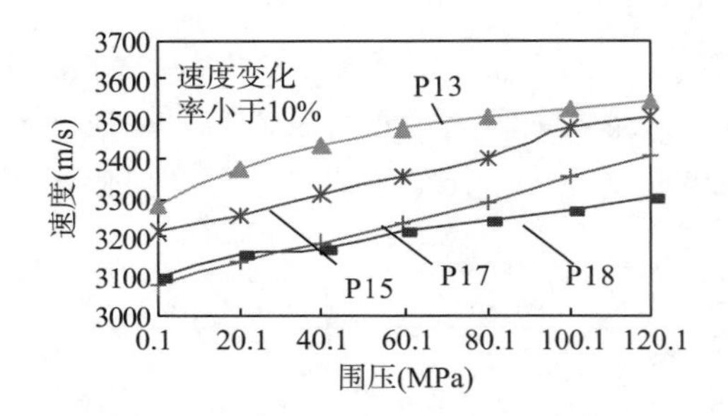

图 2-61　围压对缝洞模型纵波速度的影响

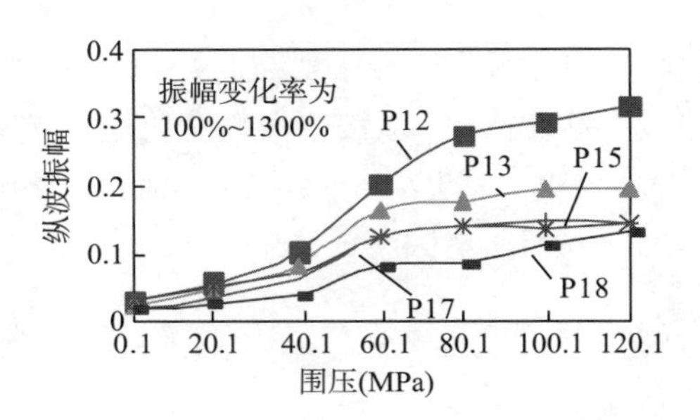

图 2-62　围压对缝洞模型纵波振幅的影响

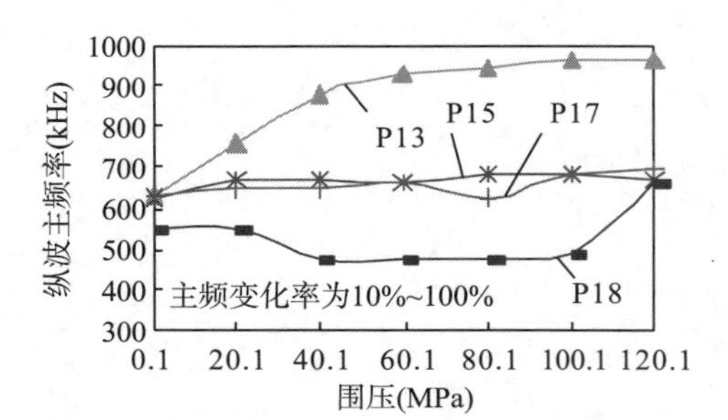

图 2-63　围压对缝洞模型纵波主频率的影响

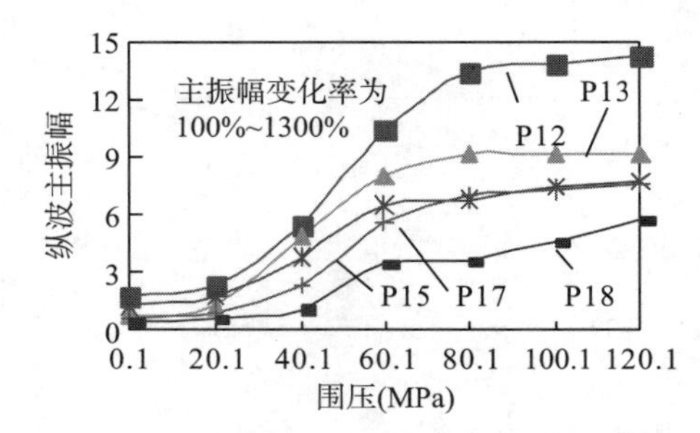

图 2-64　围压对缝洞模型纵波主振幅的影响

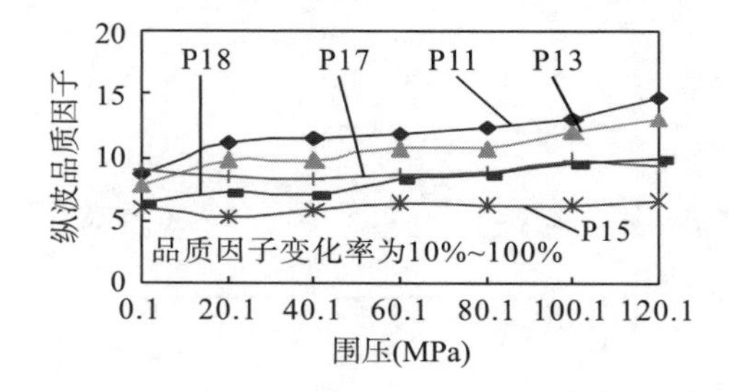

图 2-65　围压对缝洞模型纵波品质因子的影响

3）孔洞缝密度对纵波地震波属性参数的影响

缝洞模型的孔洞密度从0有梯度地变化到8.69%，由于模型是由片状材料叠合而成的，超声波通过模型时衰减较强，因而当模型的轴向压力加到30kN时，才能观测到有效的波形。从变化轴压和围压的实验测试结果中针对不同的孔洞缝密度进行分析，我们认为随着孔洞缝密度的逐渐增加，地震波的各项属性参数（速度、振幅、主频率、品质因子和主振幅等）总的趋势是变小。从图2-66～图2-70中孔洞缝密度对各地震波属性参数的影响可以看出，不论是在轴压状态下还是在围压状态下，各地震波属性参数都随着孔洞缝密度的增加而变小，但这种变化规律是通过变化趋势来认识的。对于同一压力状态下，不同孔洞缝密度的地震波属性参数围绕趋势线出现的上下波动与压力的变化引起的模型片与片之间的间隙的变化有关，这种变化可能引起相邻两模型孔洞缝密度的相应变化。但这种变化相对模型孔洞缝密度的变化来讲，影响是较小的。从图中不同压力状态下地震波属性参数的变化趋势线可以看出，各种参数的趋势线基本上都是从低压向高压依次排列，这从另一角度说明了随着轴压和围压的增加，地震波的各项属性参数都是逐渐增加的。

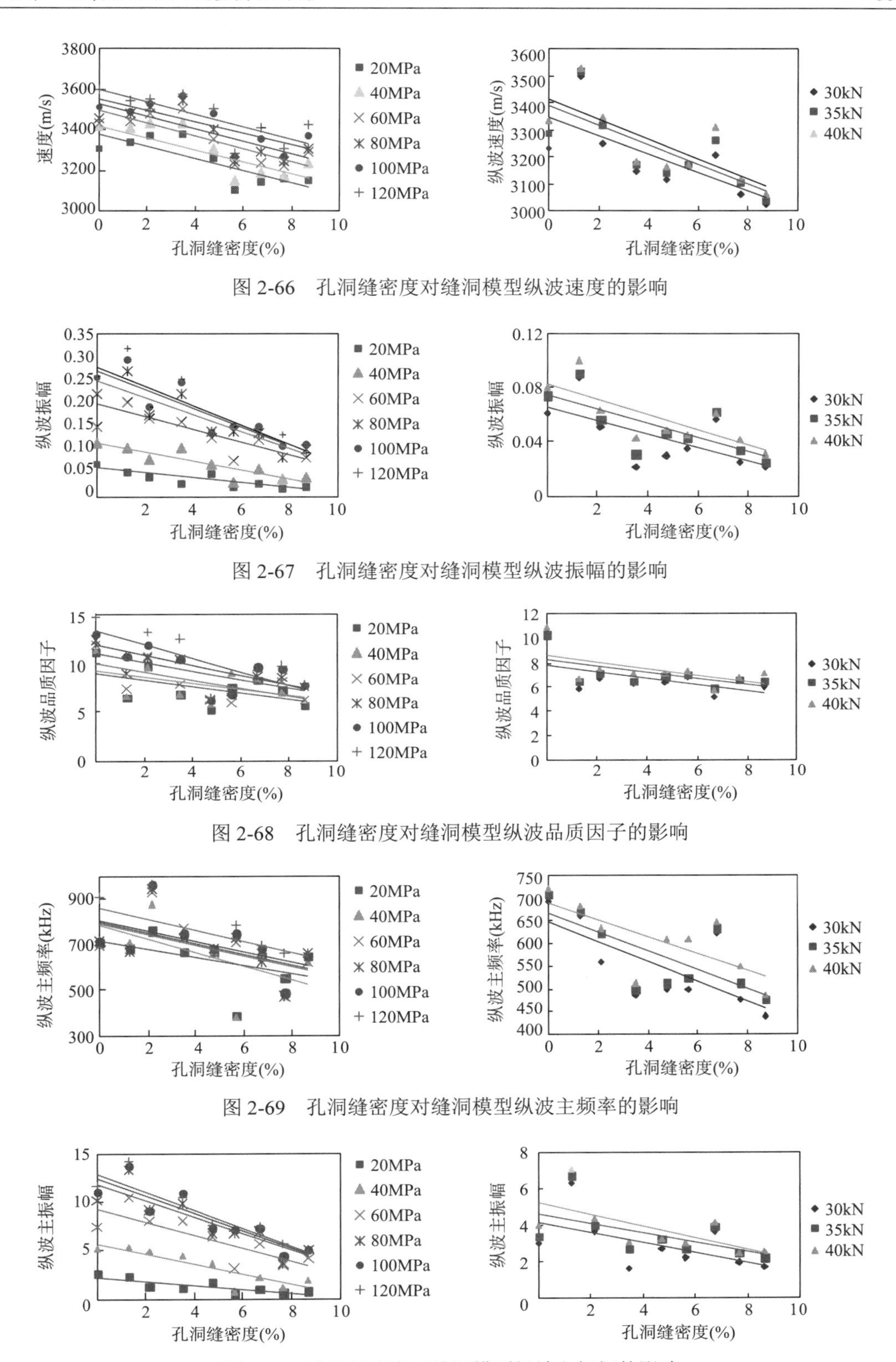

图 2-66　孔洞缝密度对缝洞模型纵波速度的影响

图 2-67　孔洞缝密度对缝洞模型纵波振幅的影响

图 2-68　孔洞缝密度对缝洞模型纵波品质因子的影响

图 2-69　孔洞缝密度对缝洞模型纵波主频率的影响

图 2-70　孔洞缝密度对缝洞模型纵波主振幅的影响

3. 垂直裂缝+孔洞型(EDA-P 型)缝洞物理模型

1)孔洞缝物理模型的制作及模型参数

我们选择了有机玻璃板(厚 1mm)来进行垂直裂缝物理模型的制作。制作方法如下：将片状材料切割成长 70～80mm、宽 55mm 的长方形片，然后叠合成高 52mm 的长方体，在模型的 4 个角上钻出直径为 4mm 的孔，用长螺钉固定紧，制作成的垂直定向裂缝物理模型。模型中片与片之间的微缝隙视为裂缝，由片的厚度可以大致控制裂缝的密度。垂直裂缝物理模型参数见表 2-8。

表 2-8　垂直裂缝物理模型参数表

模型	单片厚度(mm)	叠加片数(片)	模型尺寸(mm×mm×mm)	裂缝密度(条/波长)
0	1	40	77.0×53.0×55.0	3～4
1	1	39	77.5×50.0×55.1	3～4
2	1	40	75.9×51.4×55	3～4
3	1	40	77.1×51.9×55	3～4
4	1	40	77.1×51.9×55	3～4
5	1	38	77.1×51.9×55	3～4
6	1	39	77.1×51.9×55	3～4
7	1	40	77.1×51.9×55	3～4
8	1	40	77.1×51.9×55	3～4
9	1	40	77.1×51.9×55	3～4
10	1	42	77.1×51.9×55	3～4
11	1	39	77.1×51.9×55	3～4
12	1	40	77.1×51.9×55	3～4

首先将有机玻璃裂缝模型采用与板面相垂直的钻取方式。采用排水法测得模型材料的密度。在干燥条件下，测量并记录下模型的质量。然后用 0.5mm 的钻头在模型上钻出孔洞，根据钻取孔洞后模型质量的减小量来计算模型的孔洞密度，制作了孔洞缝密度有梯度变化的物理模型 13 个，如图 2-71 和图 2-72 所示。孔洞缝密度变化为 0～12%，模型参数见表 2-9。

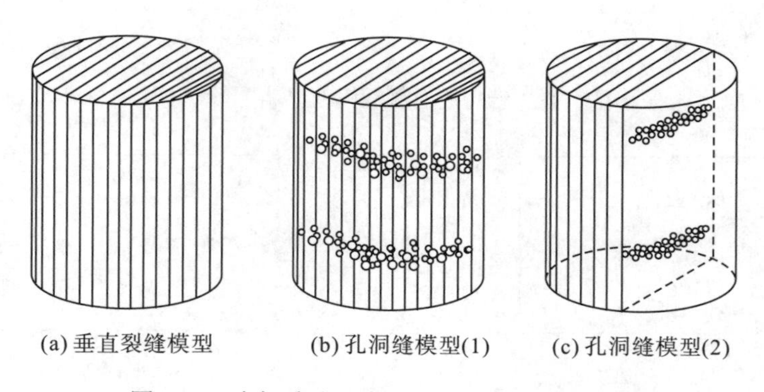

(a) 垂直裂缝模型　(b) 孔洞缝模型(1)　(c) 孔洞缝模型(2)

图 2-71　有机玻璃垂直裂缝模型及孔洞缝模型

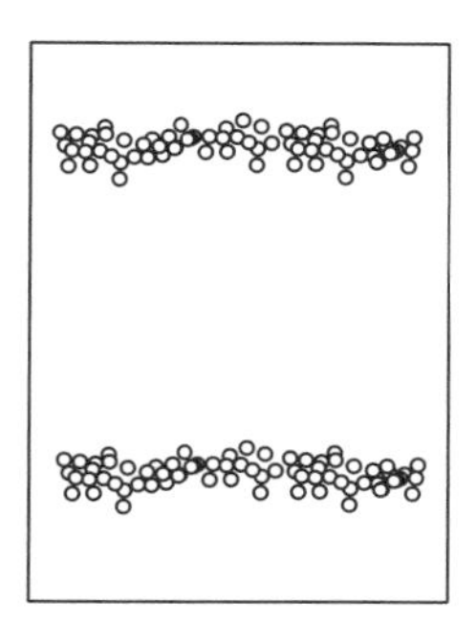

图 2-72　有机玻璃片上孔洞分布示意图

表 2-9　有机玻璃孔洞缝模型参数

模型	长度 (mm)	直径 (mm)	密度 (g/cm^3)	钻孔前质量 (g)	钻孔后质量 (g)	钻孔质量 (g)	孔洞缝密度 (%)
0	55.1	25	1.137	30.570	30.570	0	0
1	54.8	25	1.137	30.570	30.244	0.326	1.1
2	54.8	25	1.137	30.570	29.955	0.615	2.0
3	54.8	25	1.137	30.570	29.603	0.967	3.2
4	54.8	25	1.137	30.570	29.323	1.247	4.1
5	54.7	25	1.137	30.514	29.015	1.499	4.9
6	54.8	25	1.137	30.570	28.590	1.980	6.5
7	54.8	25	1.137	30.570	28.444	2.126	7.0
8	54.7	25	1.137	30.514	28.103	2.411	8.0
9	54.6	25	1.137	30.458	27.655	2.803	9.2
10	54.6	25	1.137	30.458	27.418	3.040	10.0
11	54.6	25	1.137	30.458	27.110	3.348	11.0
12	54.7	25	1.137	30.514	26.955	3.559	11.7

根据模型大小，在 MTS 系统上仍选用直径为 25mm、中心频率为 1MHz 的超声波发射-接收探头进行观测。方法是让超声波平行于裂缝面(即薄片面)方向传播。保证探头方向不变，以 10° 为角度增量旋转模型，观测并记录透过模型的超声波。这样可得到同样测试条件下的两类模型不同方位角的超声波记录。

为了得到高信噪比的超声波记录，模型在测试前需要经过严格的打磨，使端面平整光滑。测试中仍需在模型和探头的接触面垫上铅箔并涂抹凡士林油。超声波实验结果表明，在一定的压力下，能保证模型与探头的良好耦合。当加载压力较高时，所接收的纵横波形较好，初至明显。低压力时正好相反。因此，在实验过程中可加载一定的轴压，以不引起模型的变形为前提。

2) 孔洞缝物理模型实验结果与分析

对于垂直裂缝+孔洞型(EDA-P 型)缝洞物理模型而言，在实验测试时，纵波的衰减远大于横波。在上述测试条件下，当孔洞缝密度超过 3%后，纵波的波形较差，难以从中提取有效波的各种属性参数。所以只对横波的实验测试结果进行了分析。

通过对有机玻璃孔洞缝实验测试结果的处理和分析，可以得到以下认识。

(1) 干燥条件下，在垂直裂缝+孔洞型(EDA-P 型) 2 号模型中观察到了明显的横波分裂

现象(图2-73)。在饱和水的条件下也观测到了明显的横波分裂现象(图2-74)。

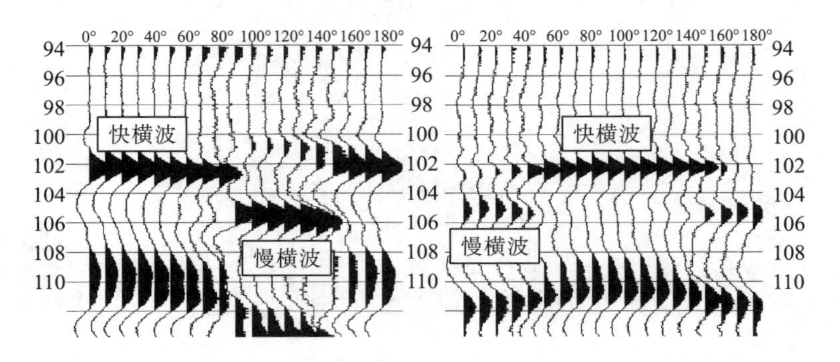

图 2-73　有机玻璃孔洞缝 2 号模型超声波观测到的 S_1 波、S_2 波记录(干燥)

注:横坐标为横波偏振方向与裂缝方向的夹角,纵坐标为超声波透过的时间(μs)。

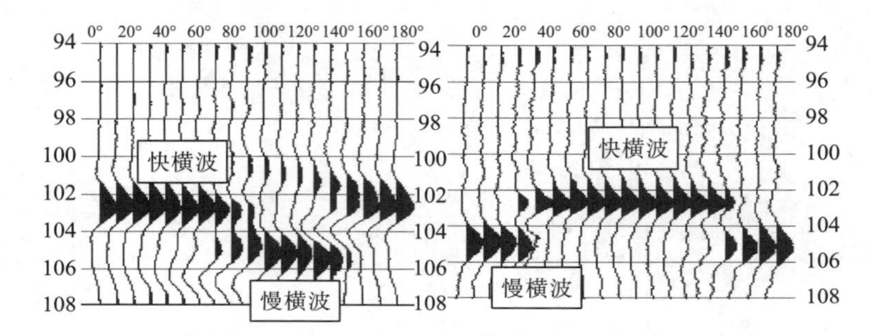

图 2-74　有机玻璃孔洞缝 2 号模型超声波观测到的 S_1 波、S_2 波记录(饱和水)

注:横坐标为横波偏振方向与裂缝方向的夹角,纵坐标为超声波透过的时间(μs)。

(2)图2-75说明,裂缝方位角的改变对平行于裂缝面传播的纵波速度和振幅影响较小。这和裂缝模型有着相同的规律。

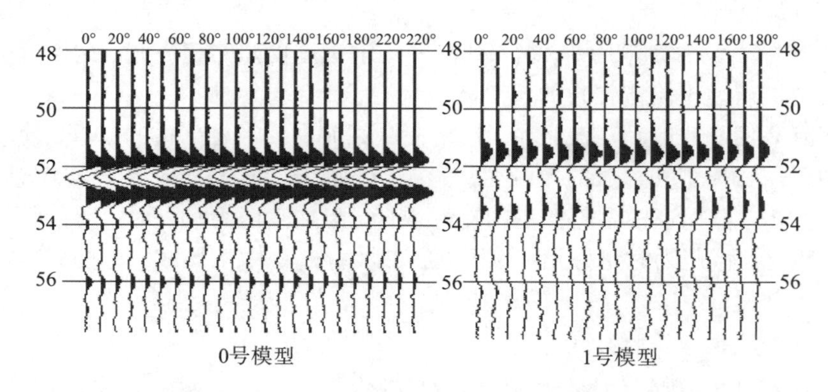

图 2-75　裂缝方位角变化对纵波到时和振幅的影响(沿裂缝面方向传播)

注:横坐标为角度,纵坐标为纵波透射时间(μs)。

(3)随着横波偏振方向与裂缝面之间角度的变化，横波的速度、振幅、主振幅都呈现出有规律的变化，即当横波偏振方向与裂缝面平行时，横波的速度、振幅最大；当横波偏振方向与裂缝面垂直时，横波的速度、振幅最小；当横波偏振方向与裂缝面斜交时，横波的速度、振幅介于两者之间。随着孔洞缝密度的增加，横波的速度、振幅、主振幅总体上均呈下降趋势(图2-76～图2-81)。

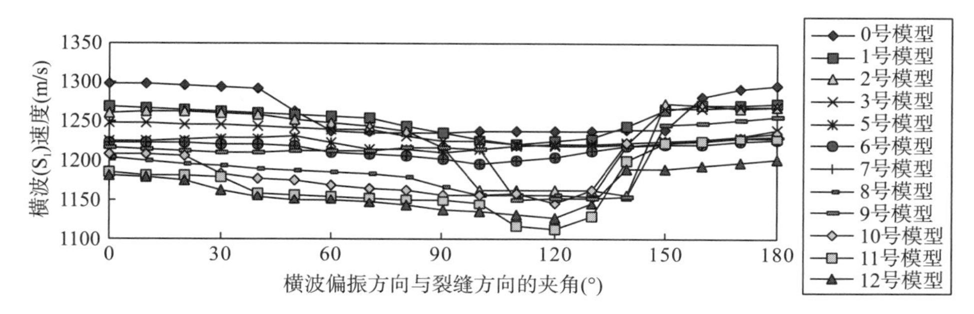

图2-76　偏振方向与裂缝方向的夹角变化对横波(S_1)速度的影响

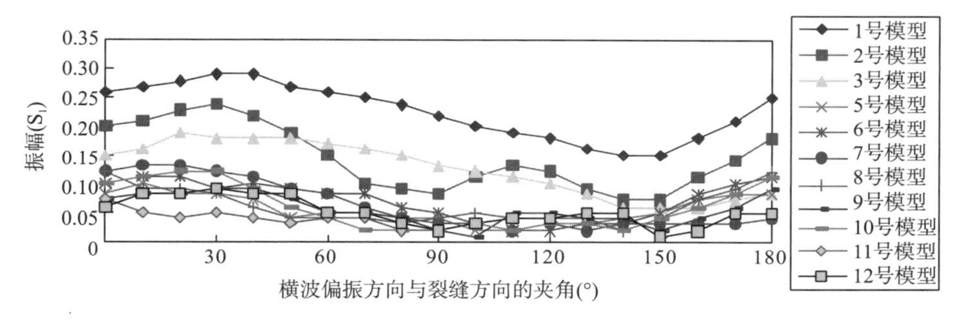

图2-77　偏振方向与裂缝方向的夹角变化对横波(S_1)振幅的影响

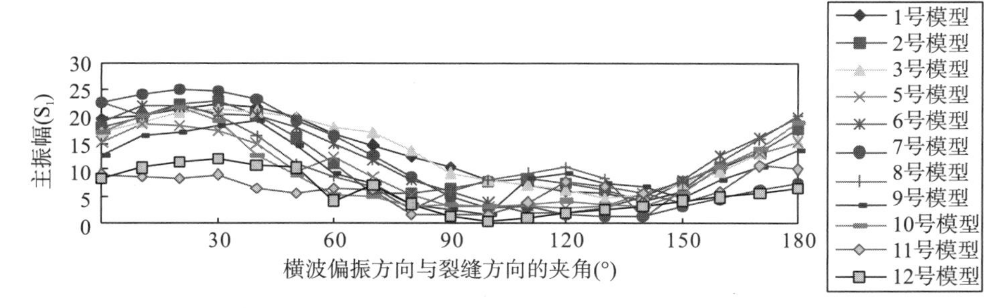

图2-78　偏振方向与裂缝方向的夹角变化对横波(S_1)主振幅的影响

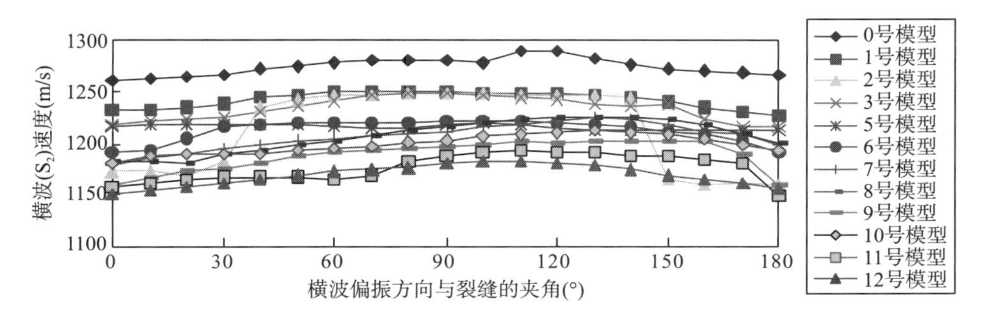

图2-79　偏振方向与裂缝方向的夹角变化对横波(S_2)速度的影响

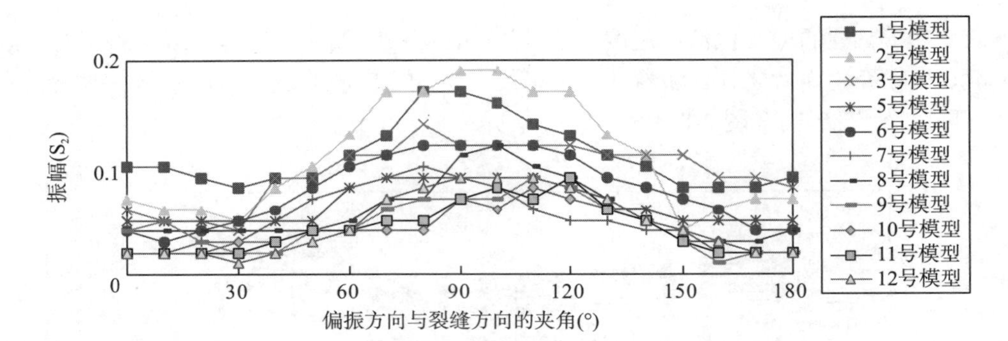

图 2-80 偏振方向与裂缝方向的夹角变化对横波(S_2)振幅的影响

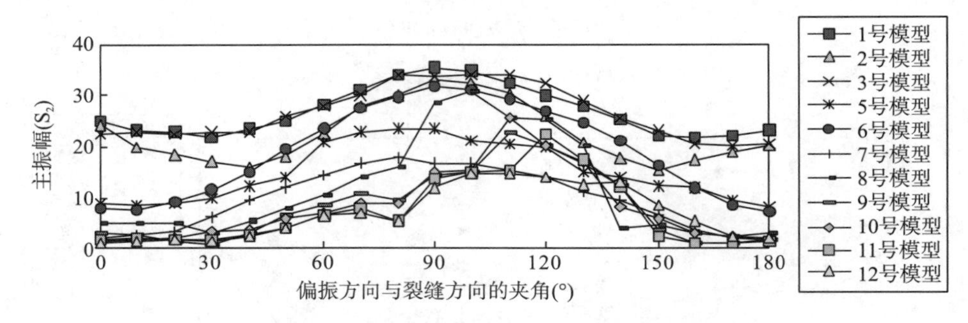

图 2-81 偏振方向与裂缝方向的夹角变化对横波(S_2)主振幅的影响

2.5.3 裂缝与孔洞组合关系对地震响应的影响

(1)对单孔洞缝模型来说，①当存在缝洞时，横波衰减强烈，难以识别和提取有效波的特征属性和参数；②随模型孔洞缝尺寸的增加，纵波的速度降低，但幅度不大，振幅总体上降低，变化幅度大，主频率向低频移动，品质因子 Q 明显降低；③模型孔洞缝的形状对纵波属性参数的影响不明显；④轴压对孔洞缝模型地震波的各项属性参数有着明显的影响，随着孔洞缝模型所受轴压的不断增加，地震波的响应变强，地震波速度、振幅、品质因子 Q 和主频率等属性参数也逐渐增大，并且它们与轴压之间存在一定的相关关系；⑤从试验可知，模型孔洞尺寸大小最大相差 4200%，但地震波各属性参数在相同数量级中变化，说明地震波各属性参数对孔洞缝密度敏感，而对孔洞缝的实际尺寸大小不敏感。

(2)对于水平裂缝+孔洞型(PTL-P 型)缝洞物理模型来说，模型材料采用环氧树脂片，加之本身呈层状，因而横波衰减强烈，无法读取有效横波的属性参数。轴压、围压和孔洞密度对纵波的属性参数有明显的影响。随着轴压、围压的增加，孔洞密度的减小，纵波的速度、振幅、品质因子、主频率和主振幅都有不同程度的增加。但在实验测试的轴压、围压和孔洞密度的变化范围内，上述地震波属性参数的变化幅度是不同的。主频率、品质因子的变化一般比速度高出 1～2 个数量级，振幅、主振幅的变化比速度高出 2～3 个数量级。

(3)对于垂直裂缝+孔洞型(EDA-P 型)缝洞物理模型来说，在干燥和饱和水条件下均观测到明显的横波分裂现象。地震波对裂缝特征的响应与定向裂缝模型有着相同的规律。随着孔洞缝密度的增加，横波的速度、振幅、主振幅总体上均呈下降趋势。

2.6　本 章 小 结

(1) 运用物理模型地震响应的定比观测理论，把含裂缝型储层当成一个裂缝系统来进行研究和认识，从而解决了实验室观测和实际观测尺度不一致的问题。

(2) 加深了对定向裂缝系统地震响应规律的认识。从裂缝密度、裂缝张开度角度深入研究了裂缝特征参数与地震波响应之间的变化规律，得出了模型裂缝密度和横波分裂程度的定性定量关系，得出了模型裂缝张开度变化与地震波属性参数值之间的定性定量关系。

(3) 设计制作了孔洞物理模型，并实现了在温压条件下孔洞物理模型地震波特征响应规律的研究，得到了多种温压环境下孔洞密度与地震波属性参数之间的变化关系。研究了温度、压力和孔洞密度与地震波的速度、振幅、衰减、主频率等参数之间的变化规律。

(4) 根据塔河油田下奥陶系缝洞型储层的特征，设计制作了多种缝洞物理模型。研究了压力环境下多种模型不同缝洞密度的地震波响应特征。分析了多种压力条件下模型缝洞密度与地震波速度、振幅、衰减、主频率等参数之间的关系和变化规律。

本章形成了从定比观测理论、定向裂缝模型、孔洞模型到多种缝洞模型的研究系列；深入研究了系列物理模型的地震响应特征；分析了多种环境下缝洞特征参数与地震波速度、振幅、衰减和主频率等属性参数之间的复杂关系和变化规律；得出了不同地震波属性参数对缝洞特征检测的敏感度，进一步加深了地震波的动力学参数比运动学参数对于储层缝洞的检测更为有效的认识。

第3章　动力学非线性系统特征与储层非线性特征

3.1　动力学非线性系统特征

对于一维非线性系统，通常表示为[9]

$$x_{n+1} = F(\lambda, x_n) \tag{3-1}$$

式中，F 为非线性函数；λ 为参数；x_n 为状态变量。

描述二维离散系统的著名方程是厄农在1976年提出的模型：

$$x_{n+1} = 1 - ax_n^2 + by_n\text{，}\quad y_{n+1} = bx_n \tag{3-2}$$

其中，$b \neq 0$（$b = 0$ 时退化为一维迭代。）

动力系统按变量之间的关系，划分为线性与非线性两类。线性系统最基本的特点是具有叠加性。如果系统的两个输入作用之和引起的行为响应等于它们分别引起的行为之和，则称这种特性为叠加性，系统就是线性系统。不具有叠加性的系统是非线性系统。线性系统不可能出现混沌。混沌是非线性系统的通有行为，但也并非任何非线性都导致混沌。混沌学研究的是确定性的非线性动力系统，如式(3-1)和式(3-2)即是这一类系统。

数学上对于线性系统与弱非线性系统已经有了一系列的研究方法，实际上也大都有现成的计算机程序。动态映射直接是一种迭代过程，按理更容易研究，但自然界的动态更多的是强非线性系统，尽管它的数学模型可能形式上很简单，依然可以随着所含参数的改变而呈现出强非线性，从而增加复杂性，常常出现混沌的状态。

运动方程中以系数形式出现的常数称为系统的控制参数；以参数为轴张成的空间称为控制空间或参数空间。参数的不同取值对系统的动态特性有很大影响，控制参数的连续变化，在某些关节点上可能引起系统结构和行为的定性改变。混沌动力学经常在参数空间中考察系统的演化。为了同时反映出参数和初始条件对动态特性的影响，混沌学在由状态空间和参数空间构成的乘积空间中进行考察。

动力系统是从模型的状态空间到姿态空间的映射，即

$$\Phi\text{：}\ M \times R \to M \tag{3-3}$$

其中，$M \times R$ 是系统模型的状态空间，即系统在变化过程中所有可能状态的集合，而可微流形 M 是姿态空间。

对 M 中确定的初始点 $x \in M$，得到动力系统中的一条轨线，它用偏映射表示为

$$\Phi_x\text{：}\ M \to M \tag{3-4}$$

如果取定时间间隔 $\Delta t = \tau$，则从动力学系统 Φ 得到另一种偏映射，它表示任何给定 $x \in M$ 的下一个动态点 $\Phi_\tau(x) \in M$。

一般的规律是，就可微流形 M ，可以找到一个不可列的不变子集 Λ ，使动态映射：

$$f: \Lambda \to \Lambda \tag{3-5}$$

有无穷多个周期点，它们在 Λ 中稠。由于这些周期点(包括不动点在内)的不稳定性和排斥性就在 Λ 中 f 有一个非周期的稠轨道，从而构成 Λ 是 f 的一个混沌集。

3.2　动力学非线性系统的混沌特征

混沌是确定性非线性系统的内在随机性，内在随机性是动力系统本身所固有的，并不是由于外界的干扰而产生的。内在随机性是系统在短期内按确定的规律演化且有一个可预报期限，只是在足够长的时间后系统才变为不确定。这种随机性是由系统对初值的敏感依赖性而产生的，系统处于混沌状态并非毫无规则、一片混乱，而是存在复杂而精致的几何结构，包含有更多的内在规律性。诸如微分支、周期窗口、自相似层次嵌套结构、周期轨道的排序等。也就是说，混沌现象是丝毫不带随机因素的固定规则所产生的。确定性系统中的混沌运动具有以下特征：它的柯尔莫哥洛夫熵大于零，而且它至少有一个正的李雅普诺夫指数，同时运动是落在一个称为奇怪吸引子的分维几何体上。混沌的时域波形是噪声似的复杂波形，响应的功率谱为连续谱，其庞加莱映射由随机分布的点组成。研究动力系统的混沌机制重要的现实意义是，它说明精确的预测从原则上讲是能够实现的，加上计算机的快速跟踪，就能够深入地研究各种强非线性系统的特征，开创模型化的新途径。混沌集又常常具有分数维特征，所以也与分形有关。

3.2.1　混沌的产生

动力学系统可以用常微分方程、偏微分方程及简单的迭代方程等方法来描述，但并不是所有的系统都会产生混沌现象，而是必须具备以下两个条件。

(1) 方程是确定性的。

(2) 方程是非线性的，即线性方程不会产生混沌现象，非线性方程才可能产生混沌现象。

混沌可以直观地理解为确定性方程中所产生的随机现象。例如，对于逻辑斯谛方程

$$x_{n+1} = ux_n(1 - x_n)，\quad u \in [0,4],\ x \in [0,1] \tag{3-6}$$

通过解的分析可以发现其混沌演化。系统经过不断的周期倍增而进入混沌。由倍周期分叉通向混沌的道路是一条重要的通向混沌的途径。

3.2.2　混沌的特征

(1) 确定性。混沌系统的一个显著特点是对初值条件的敏感依赖性，初值的微小变化会导致完全不同的结果。那么，就意味着在系统演化的相空间中从两个相邻的初始点开始的相互靠近的两条演化轨线，随着时间的推移，它们将呈指数函数分开。若假设系统的演化方程为

$$x_{n+1} = f(x_n) \tag{3-7}$$

初始值为x_{01}，x_{02}，$d_0 = x_{01} \sim x_{02}$，则经n次迭代后，有

$$\begin{aligned} d_n &= \left| f^n(x_{01}) - f^n(x_{02}) \right| \doteq \frac{\mathrm{d}f^n(x_{01})}{\mathrm{d}x}(x_{01} - x_{02}) \\ &= d_0 \mathrm{e}^{\lambda n} \end{aligned} \tag{3-8}$$

其中，λ为李雅普诺夫指数，代表相邻点之间距离的平均辐射率，λ可进一步具体化为

$$\lambda = \frac{1}{n}\sum_{i=0}^{n-1} \ln\left| f(x_i) \right| \tag{3-9}$$

当$\lambda > 0$时，d_n呈指数增长，系统向混沌演化，具有正的李雅普诺夫指数。

当$\lambda < 0$时，d_n呈指数收缩，系统趋于稳定解。

当$\lambda = 0$时，$d_n = d_0$，系统处于临界状态。

对于高维系统，由于加在初值上的微扰是一个高维矢量，它的扩张和收缩在不同方向上是可以不同的，一般地，对于映象系统：

$$\boldsymbol{x}_{n+1} = F(\boldsymbol{x}_n) \tag{3-10}$$

其中，

$$\boldsymbol{x}_n = (x_n^0, x_n^1, \cdots, x_n^m) \tag{3-11}$$

定义一个$m \times m$的雅可比矩阵：

$$\boldsymbol{J}_{ij}(\boldsymbol{x}_n) = \frac{\partial F(\boldsymbol{x}_n)}{\partial x_n^j} \tag{3-12}$$

那么通过沿轨道的雅可比矩阵乘积获得的矩阵$\boldsymbol{J}^{(N)}$的特征值$\Lambda_i^{(N)}$，可以给出这个映象系统的所有李雅普诺夫指数：

$$\lambda_i = \lim_{N \to \infty} \frac{1}{N} \ln\left| \Lambda_i^{(N)} \right| \tag{3-13}$$

将它们从大到小依次排列，就得到高维映射系统的李雅普诺夫指数谱。其中，最大李雅普诺夫指数λ_1描述了大多数微扰矢量构造的面的面积变化，而$\lambda_1 + \lambda_2$则描述了两个微扰矢量构造的面的面积变化，以此类推，$\lambda_1 + \lambda_2 + \cdots + \lambda_s$描述了$s$个微扰矢量构造的超体的体积变化。如果$\lambda > 0$，则轨道就是混沌的。

(2) 自相似性。整体上有规律性，但内部结构又有很好的相似性，即系统整体与局部或局部与局部之间在形态性质等方面是自相似的。

(3) 系统是整体稳定而局部不稳定的。

(4) 运动轨道在相空间中的几何形态具有分形和分维性质。混沌系统与一般确定性系统不同，它的相轨迹在一个有限区域内会经过无限次折叠，运动状态会出现多叶多层结构，所以在相空间中，混沌系统的运动轨道维数不是整数，而是分数，称为分维。分维有时也表明了混沌运动的无限层次的自相似结构。这是混沌运动轨迹在相空间上的行为特征。

(5) 具有连续的功率谱。

(6) 普适性。不同系统的混沌程度是不一样的，即对不同的混沌系统，它们具有某些普适性常数。

3.3　动力学非线性系统的分形特征

美国数学家 B.B. Mandelbrot 于 1975 年首次提出了分形(fractal)这个术语[10]，但目前还没有严格的数学定义。粗略地说，分形是对没有特征长度但具有一定意义的自相似图形和结构的总称。曼德尔布罗特曾给过一个尝试性的定义：分形 F 是其豪斯多夫(Hausdorff)维数严格大于其拓扑维数的集合；也有这样的定义，即组成部分以某种方式与整体相似的形体叫分形。但是这两个定义都不够精确与全面。目前人们一般赞同英国数学家法尔科内(K.Falconer)对分形 F 的描述[11, 12]：

(1) F 具有精细的结构，即在任意小的尺度之下，它总有复杂的细节。

(2) F 是如此的不规则，以致它的整体和局部都不能用传统的几何语言来描述。

(3) F 通常具有某种自相似性，这种自相似性可以是近似的，也可以是统计意义上的。

(4) 一般地，F 的分形维数通常都大于它的拓扑维数。

(5) 在大多数令人感兴趣的情形下，F 既可以以非常简单方法定义，也可以由迭代产生。

分形可分为两大类：一类是线性分形，另一类是非线性分形。在线性分形中，沿不同方向的伸缩比都一样。在非线性分形中，包括比较简单的自仿射分形，沿不同方向的伸缩比不一样。非线性分形更复杂，但更普遍、更能反映出自然界的本质几何特征。

分形揭示了不同层次系统间的自相似性，所以，任何分形的集合都有精细的结构，都有某种程度的自相似性，它们由以某种方式与整体相似的部分组成，这种相似性可以是近似的，也可以是统计意义的自相似性。

描述分形的定量参数(即分维数)有豪斯多夫维、自相似维、盒维数、信息维、关联维和填充维等，它们是对分形集合复杂性的一种度量。

混沌运动的高度无序和混乱性反映在分形的无穷复杂性上。奇怪吸引子是混沌运动轨迹经过长时间之后所形成的终极形态，没有明显的规则或次序，由许多回转曲线构成，不同层次间存在自相似性。所以，分形是描述混沌运动的一种几何语言。但是几何学在混沌中附属于动力学，而在分形中则居统治地位。如果说分形几何为描述混沌吸引子的内部结构提供了一个很实用的语言，那么，混沌运动则被认为是产生分形结构的根源之一。因此，混沌与分形具有很深的内在联系。

混沌主要研究非线性动力学系统的不稳定的发散过程，但系统状态在相空间中总是收敛于一定的吸引子，这与分形的生成过程十分相似。因此，如果说混沌主要研究非线性系统状态在时间上演化过程的行为特征，那么分形则主要研究吸引子在空间上的结构。混沌运动的随机性与初始条件有关，分形结构的具体形式或其无规则性也与初始状态有密切关系。混沌吸引子与分形结构都具有自相似性。

从理论上说，动力系统既与混沌存在一定的关系，又与分形有密切的关系。动力系统与混沌的具体关系表现在，动力系统存在混沌必须满足的 3 个条件：对初始条件的敏感依赖性、具有拓扑传递性质及周期点的稠密性。这 3 个条件正好对应着产生混沌现象的 3 个条件：不可预测性、不可分解性及有一定的规律成分。具体地说就是对初始条件的敏感依赖性，在动力系统中表现为其长期行为的不可预测性；拓扑传递性表明，动力系统不可能被分解成两个或几个互不影响的子系统；周期点稠密性表明，动力系统产生的混沌并非完全无序的，而是有一定的规律成分的。动力系统与分形的具体关系表现在，从产生分形的迭代函数系统（iterated function system，IFS）出发，可以定义（随机）移位动力系统，而移位动力系统正是一个混沌动力系统。因此，分形与混沌有着深刻类似的根源。

分形与混沌的关系表明，如果把非线性动力系统看成是一个不稳定的发散过程，那么由 IFS 生成的分形吸引子正好是一个不稳定的收敛过程，因此，可认为“如果把混沌广义地看作是具有自相似的随机过程和结构，则分形也可看作是一种空间混沌；反之，由于混沌运动具有在时间标度上的无规则自相似性，它也可以看作是时间上的分形。”简单地说，分形是空间上的混沌，而混沌是时间上的分形。

3.4　动力学非线性系统的突变特征

法国数学家勒内 • 托姆于 1972 年创立的突变理论是研究不连续现象的一个分支。在非线性动力系统中一般来说控制系统状态的参数是连续变化的，但状态是突变的，在动力系统中称为分岔（bifurcation）和突变（catastrophe），就是说突变是与混沌分岔相对应的非线性系统理论研究方法。如果以控制参数 μ 为横坐标，状态变量 x 为纵坐标，那么分岔和突变将如图 3-1 所示[13]。

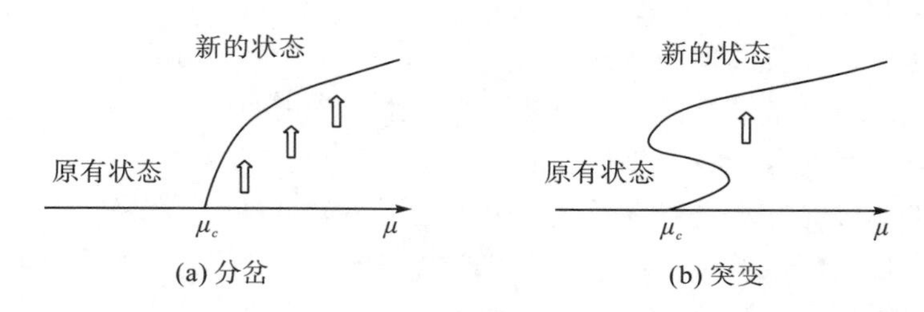

图 3-1　分岔和突变

分岔是指参数达到临界值 μ_c 时，原有状态失去稳定性，即此时任何初始值都要离开原有状态，被新的稳定状态所吸引。突变是指参数到达临界值 μ_c 时，原有状态不是失稳，而是在 μ_c 以后原有状态不存在，即原有状态只存在于 $\mu < \mu_c$ 的区域，此时系统突变到新的状态。对于在信号处理中的应用，一个时间序列中，若信号可以用突变方程表示，则按一定方法得到的突变参数与分形维数、李雅普诺夫指数一样，是一个不变量，它可以表示时间序列中所蕴含的特定信息。

20 世纪 60 年代中期，以 R. Thom 的工作为先导，逐步形成了现代突变理论的一些数学内容。发展这种理论的目的是对一个光滑（理解为无限次可微）系统中可能出现的突然变化做适当的数学描述，其开创初期就旨在应用。突变是指从一种稳定状态跳跃式地转变到另一种稳定状态，或者说在系统演化中，某些变量从连续逐渐变化导致系统状态的突然变化。突变理论的一个显著优点是，即使在不知道系统有哪些微分方程，更不用说如何解这些微分方程的条件下，在少数几个假定的基础上，用少数几个控制变量可预测系统的定量状态，时间序列分析应用的关键是信号能否满足突变的假定条件。

3.4.1　突变理论中的几个基本概念

1. 拓扑等价与结构稳定性

拓扑等价意味着它们的形态结构没有变化，只要两个几何对象是拓扑等价的，经拓扑变换后它们的性质保持不变。

2. 剖分引理

临界点在原点且有几个独立变量的函数 $f(x_1,x_2,\cdots,x_n)$ 的黑塞矩阵为

$$\begin{bmatrix} \frac{\partial^2 f}{\partial^2 x_1} & \frac{\partial^2 f}{\partial x_1 \partial x_2} & \cdots & \frac{\partial^2 f}{\partial x_1 \partial x_n} \\ \frac{\partial^2 f}{\partial x_2 \partial x_1} & \frac{\partial^2 f}{\partial^2 x_2} & \cdots & \frac{\partial^2 f}{\partial x_2 \partial x_n} \\ \vdots & \vdots & & \vdots \\ \frac{\partial^2 f}{\partial x_n \partial x_1} & \frac{\partial^2 f}{\partial x_n \partial x_2} & \cdots & \frac{\partial^2 f}{\partial^2 x_n} \end{bmatrix} \tag{3-14}$$

可以证明，若黑塞矩阵的秩是 n，则存在一个坐标变换，可把 f 变换为

$$f = e_1 x_1^2 + e_2 x_2^2 + \cdots + e_n x_n^2 + \cdots \tag{3-15}$$

若黑塞矩阵的秩是 $n-r(r>0)$，则可通过坐标变换把 f 表示为 $f = e_{r+1}x_{r+1}^2 + e_{r+2}x_{r+2}^2 + \cdots + e_n x_n^2 + \cdots$，结构不稳定性只取决于 $x_1,x_2,\cdots,x_r$，其余高次项均可以忽略。

其实质是把所有变量分成与结构不稳定性有关的实质性变量和与之无关的非实质性变量，并忽略后者。

3. 确定性

k 确定。如果一个函数的泰勒展开式的前 k 项是刻画这个函数的性态，则称这个函数为 k 次确定的。

3.4.2　尖点突变模型及其特点

Thom 证明，当控制系统的因素(即控制变量)不超过 4 个时，只有 7 种基本突变形式。常用的突变模型有折叠、尖点和燕尾模型，其特点和形式见表 3-1。

在储层的演化过程中，总是从一种稳定状态演化成另一种稳定状态，即从渐变到突变。从齐曼机构导出的尖点突变模型可以说明这种演化(图 3-2)。由图 3-2 可以看出，若系统在其演化过程中控制变量 u 大于零，即系统的状态位于奇点集(或分叉集)的另一侧，或 u 虽然小于零，但系统沿 ABC 的路径演化，则不跨越分叉集，系统只能以渐变方式演化。反之，若按 $AB'C$ 的路径演化，则必定跨越分叉集，且在跨越分叉集的瞬间系统状态变量

将产生一个突变。若沿演化路径截取剖面，则得到如图 3-3 所示的更直观的图形。

表 3-1　初等突变模型一览表

模型	控制变量数	状态变量数	势函数标准形式	平衡曲线 M
折叠	1	1	$x^3+\mu x$	$3x^2+\mu x$
尖点	2	1	$x^4+\mu x^2+vx$	$4x^3+2\mu x+v$
燕尾	3	1	$x^5+\mu x^3+vx^2+wx$	$5x^4+3\mu x^2+2vx+w$

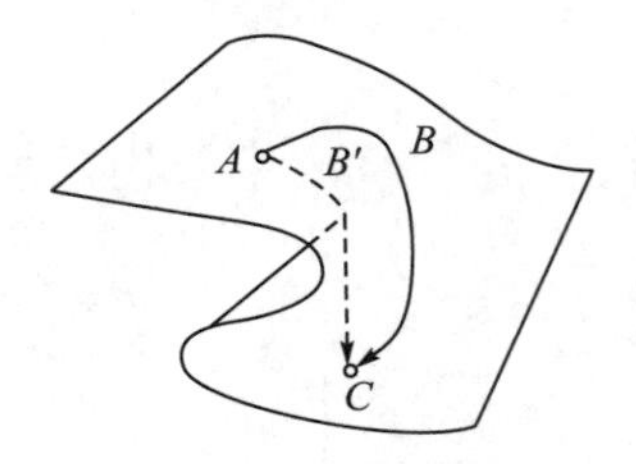

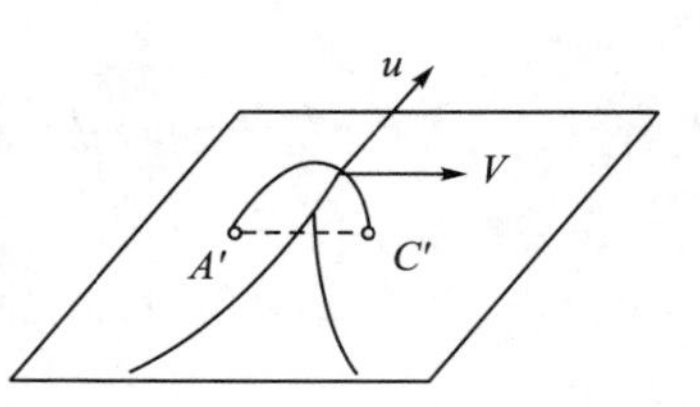

图 3-2　尖点突变模型

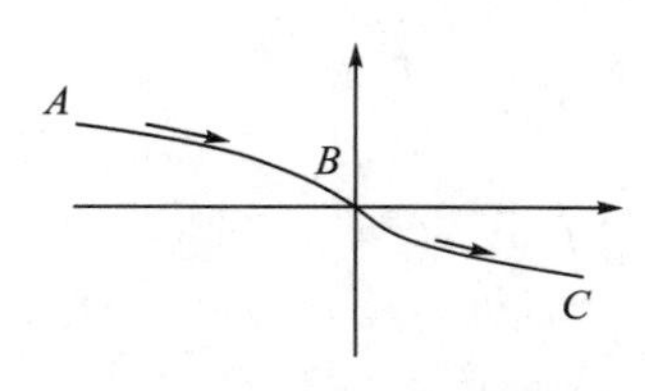

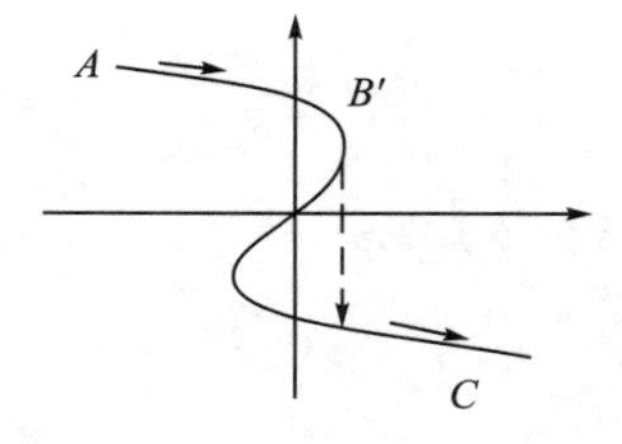

图 3-3　渐变与突变

1. 尖点突变模型的标准表达形式

由齐曼机构可直接导出尖点突变模型的标准表达形式：

$$V(x)=x^4+ux^2+vx \tag{3-16}$$

式中，x 为自变换量；u 和 v 为控制变换变量；$V(x)$ 表示一种势，即位置为 x 时，系统储存的能量。

对 $V(x)$ 求一阶和二阶导数，可分别得到平衡曲面（突变流形）及分叉集方程：

$$4x^3+2ux+v=0 \tag{3-17}$$

$$\varDelta=8u^3+27v^2=0 \tag{3-18}$$

图 3-4 是平衡曲面和控制变量平面。由图 3-4 可知，分叉集是一个半立方抛物线，在点 (0, 0) 处有一尖点。当控制变量 (u, v) 满足分叉集方程 (3-18) 时，系统处于突变前的临界状态。分叉集将控制变量平面分为两个区域，在 $\varDelta>0$ 的区域，系统是稳定的；在 $\varDelta<0$ 的区域，系统有 3 个平衡点，其中两个是稳定的，一个是不稳定的。图 3-4 中的平衡曲面代表了势 $V(x)$ 在不同位置时的变化情况，上、中、下 3 叶代表了可能的 3 个平衡位置，其中上、下两叶是稳定的，中叶是不稳定的。势 $V(x)$ 由上叶向下叶或由下叶向上叶变化的过程中，若处于 $u>0$ 的位置，则系统是稳定的，$V(x)$ 由高向低或由低向高渐近变化；

若处于$u \leqslant 0$的位置(必要条件)，则系统是不稳定的，这时才有可能跨越分叉集，系统必然产生突变，势的变化来得突然。系统中某些因素的变化，将会导致(u, v)的改变。利用图 3-4 可对系统的演化途径做定量分析。在图 3-5 中，若假定$u = u_0$（$u_0 < 0$)为一常数则图 3-4 所示的平衡曲面变为图 3-5 所示的曲线。在图 3-4 中，控制变量平面被u轴、v轴以及分叉集分为 6 个区域(图 3-6)，由于这 6 个区域中，方程(3-16)解的个数和性质不同，系统的状态也不同。

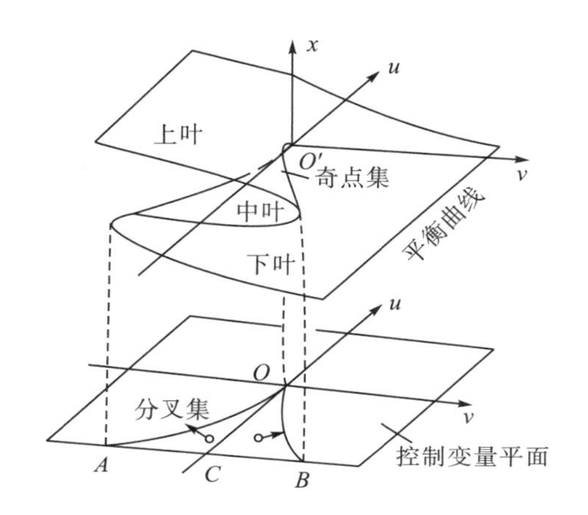

图 3-4　平衡曲面和控制变量平面

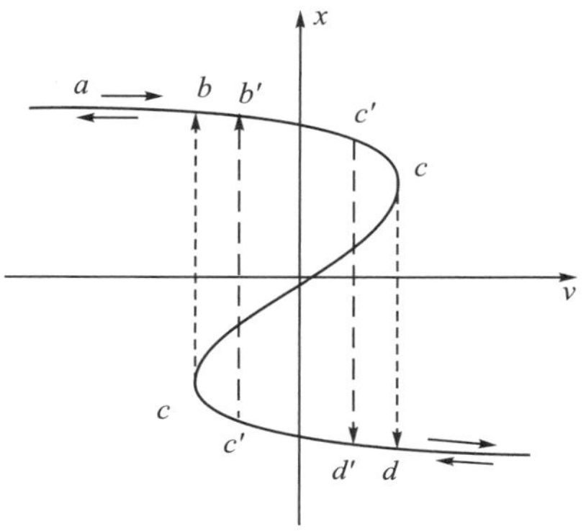

图 3-5　系统的演化途径

在图 3-6 中表示了各个区域的势函数形式。在$u < 0$的区域中，当控制参数v沿着从左向右的路径增加时，势函数曲线的吸引子(极小值点)数目由 1 个→2 个→1 个变化，并且吸引子的位置也按照右侧→两侧→左侧的规律发生变化。

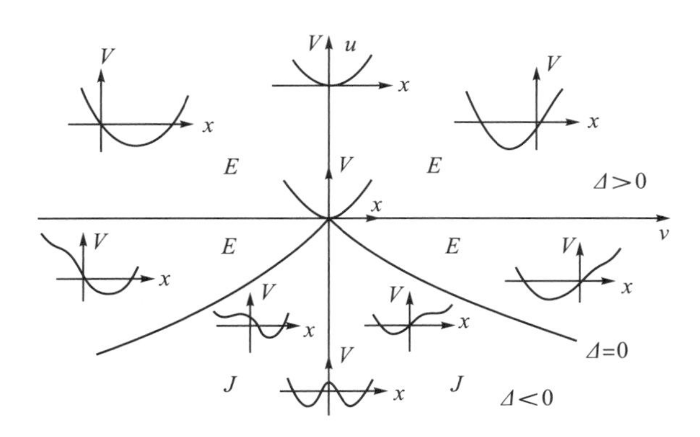

图 3-6　控制变量平面的分区及其势函数

研究和应用突变理论的关系不在稳定区域，而是在不稳定区域，因为在这里系统才会表现出突出的个性。

2. 双尖点突变模型分析

地层系统的非线性性质必然导致地震响应是非线性的。标准双尖点突变流的形式方程如下：

$$x^3 + ux + v = 0$$
$$x^3 + ux + v = 0 \tag{3-19}$$

式中，x为状态变量；u、v为控制变量。

式(3-19)所示的双尖点突变实质上是由两个突变组合而成的(图 3-7)，两个尖点的位置可由u=0 和v=0 求出，即图 3-7 中的O_1和O_2。图 3-7 表示了地震响应的振幅x与频率f及非线性系数α之间的变化关系。图 3-7 中带折叠的曲面称为平衡曲面，平衡曲面在水平面上的投影被称为控制变量平面，折叠在控制变量平面上的投影称为分叉集，分叉集的尖点为O_1和O_2。由图 3-7 可知，平衡曲面可分为 3 个区带，其中中间带的平衡曲面不具折叠，故表现为渐变性质，而位居中间带两侧的区带，因其跨越分叉集而导致发生突变。同时，在这两个带中因分叉集所处的位置不同，地层系统的地震响应也不尽相同。

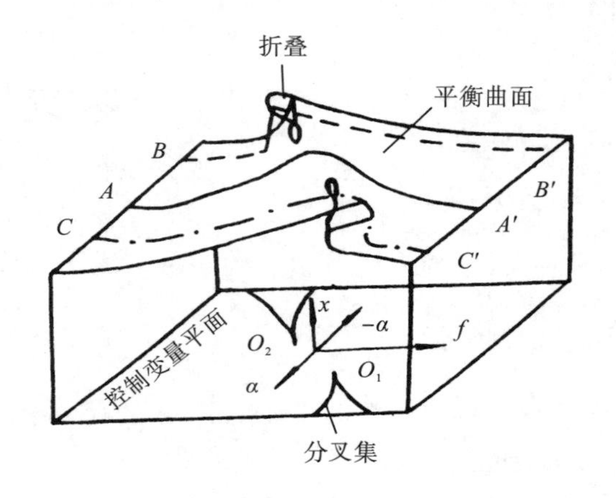

图 3-7　双尖点突变模型

储集层介质结构突变(如含裂缝)，必然引起地震反射序列突变，于是，可用突变论方法来检测其是否是突变及突变的程度，从而获得储集层介质结构的变化情况。

3.5　储层地震信号非线性特征

沉积盆地作为一个耗散的非线性动力学系统，其演化过程的遗迹均包含于沉积地层中。沉积地层的结构和组成反映了沉积盆地的动力学特征，地震信号是这一演化过程的物理响应，必然包含了大量系统演化特征的信息，即多种非线性特征。事实上，地层介质是黏滞弹性的，没有一套实际的地下岩层对地震波没有黏滞吸收。地层越松散吸收越大。而且弹性也是非线性的，各个地震波相互作用，互不独立，两个不同频率的波干涉后产生新的具有和频或差频的波，这个新波与原始波相互作用引起介质的复杂振动。而波在行进过程中压力改变，从而引起行进速度及子波波形的改变。这种非线性取决于孔隙度、裂缝发育程度及孔隙流体(水、空气、天然气、油)的饱和度。因此地层上多孔岩层具有非线性性质。此外，由于岩层各种化学变化和物理变化，其特性随时间的变化而变化，同时放射出能量，产生高频微振、发热、发声或放光，成为“主动”的震体，油气层及矿物这种活动可能更明显。可以说，地震波在地下的传播是一个非线性的过程，这在物理模型实验中也得到了证实。研究表明，在一定的条件下，地震信号是 $1/f$ 信号，即地震信号的功率谱满足 $S(f)\propto\frac{1}{f^{r}}$ 关系。

沉积旋回的级别有大有小，即一个大旋回中可以包含几个小的旋回，而一个小旋回又可以再分成几个更小的旋回。

在一定的沉积旋回级别的范围内，存在统计意义上的相似性。地层是渗透层和非渗透层的交错叠加，在一定的范围内，地层不同尺度上的结构存在着自相似性。因此，沉积旋回、地层及岩石物性等因素控制着的储层分布具有分形特征，即是具有自相似结构的分形系统。

储层可看作是在漫长的岁月中在多次非均匀和非线性的地质作用下长期演化后的一种最终结果，储层的岩性和物性均表现出很强的非均匀和非线性性质，这与混沌理论着眼研究系统运动长期演化后的最终归缩和系统运动轨道的最终趋势问题是一致的。因此，利用混沌理论恢复储层系统的动力学特征，以研究储层的复杂程度和变化规律。

沉积盆地构造的复杂性、沉积的多变性及成藏的特殊性，使沉积盆地具有剖分性、平衡特征的多变复杂性以及不连续的突变性，这些特征与尖点突变特征相似或相近。因此，沉积盆地的多种突变特征，必须引起地震反射序列的突然变化，即地震反射序列含有沉积盆地结构和储层介质结构的特征信息。

3.6　煤层气储层非线性特征

3.6.1　微观特征与岩石物理特性

煤岩微观特征对宏观岩石物理属性有很大的影响，近年来很多学者建立了两者之间的非线性关系[14-17]。煤岩在外部荷载作用下的宏观属性常表现出明显的非均匀性、不连续性、非线性、各向异性和非弹性等特点[18-20]。姚艳斌和刘大锰对煤储层进行了精细定量表征[21]。李琼等对沁水盆地和顺地区煤岩样和顶板样进行了地层温压条件下的纵横波速度等参数测试研究。研究表明，煤岩与顶板的弹性特征存在较大差异，并具有明显的各向异性和非线性特征，获得了一系列岩石物理经验关系模型[22]。图 3-8 展示了 5 个煤岩样品的动态杨氏模量随压力的非线性变化特征。在一定压力范围内，杨氏模量呈线性变化，而超过某一范围之后杨氏模量呈非线性变化。

综合前人的研究成果来看，煤层气储层具有典型的双重孔隙结构，包括微观基质孔隙和宏观裂隙，煤层气绝大多数都吸附于煤层微孔隙内，还有部分储集在相对发育的裂隙之中，气体的吸附量与煤的孔隙发育程度和孔隙结构特征有关，这样的孔隙系统对煤层气的运移和产出起着重要的作用。煤岩不同于常规砂岩、碳酸盐岩，其内部结构特征与岩石物理特征具有独特性，且微观结构特征对宏观岩石物理性质有着很大的影响，因此对煤层气储层进行研究时要对煤岩的基本特征有充分的认识。图 3-9 展示了煤岩微观孔隙结构特征，可以看到煤岩内部微孔、割理发育，发育形态差异性较大、结构复杂，非均质性特征明显。

傅雪海等通过实验分析得到了煤储层孔裂隙系统的分形特征[23]。

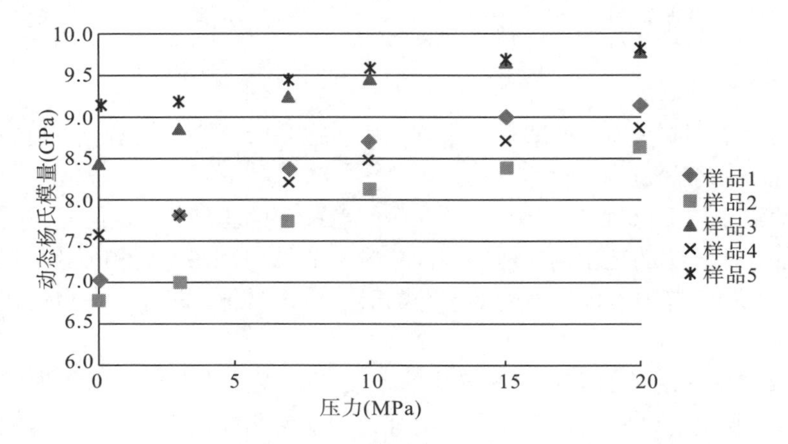

图 3-8　煤岩样品动态杨氏模量随压力的变化[17]

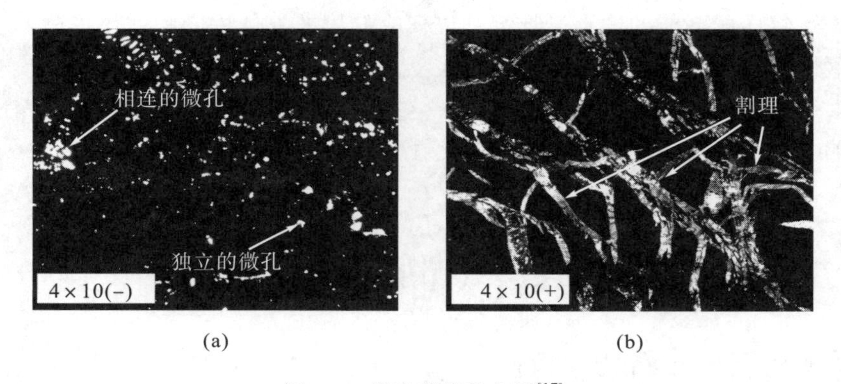

(a)　(b)

图 3-9　煤岩薄片鉴定图[17]

3.6.2　地质非线性特征

地球作为一个耗散系统，在漫长的岁月中经历了多次非均匀、非线性的地质作用，地下的岩性、物性均呈现出很强的非均匀和非线性特征。Turcotte 从排水网络和侵蚀、洪水、地震、矿产和油气资源、破碎、地幔对流和电磁场等方面出发，全面总结了地质与地球物理领域中的分形与混沌特性[24]。

自相似性和标度不变性是地质现象的典型特征。在野外，当我们需要给地质现象或地质特征拍照时，往往需要用硬币、铅笔、地质锤或者人去充当比例尺，以便于了解地质现象的尺度。如果没有比例尺，则无法从照片中分辨地质现象的范围是 10cm、10m 还是 10km。以煤岩为例，图 3-10 展示了 3 个不同尺度的煤岩(体)的局部特征，3 个尺度的煤岩均具有较好的成层性特征，煤岩的裂缝发育特征相似，在缺失比例尺的情况下很难区分是微观尺度、岩心尺度还是测井尺度或者地震尺度。在研究对象上任选一个局部区域对其进行放大或缩小，它的形态、复杂程度、不规则性等都不发生变化(或变化很小)的特性，就是分形的无标度性；而这种对研究对象的局部进行放大后与整体相似的性质，就是分形的自相似性。汤达祯和王生维从煤岩吸附能力、煤物质组成、煤孔隙结构、渗透率等方面详细探究了煤储层的分形特征，并以沁水盆地和鄂尔多斯盆地为例分析实际煤储层的分形特征，证明了煤层气储层的分形特性[25]。张晓辉等及李振等分别进一步分析了煤的纳米级孔隙分形特征和高煤阶煤孔隙结构的分形特征[26,27]。以上研究充分证实了煤岩孔隙系统的分形特性。

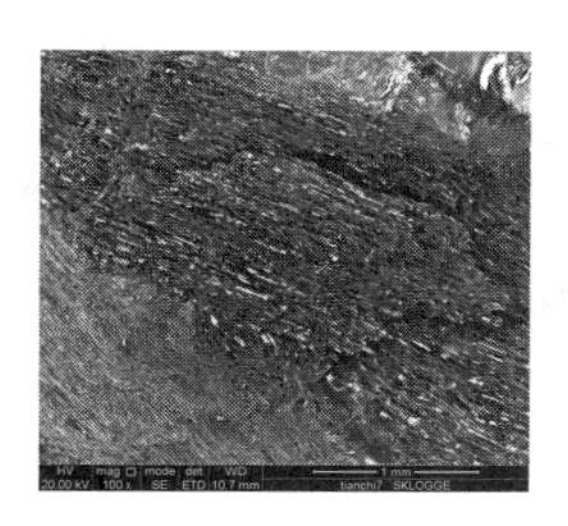

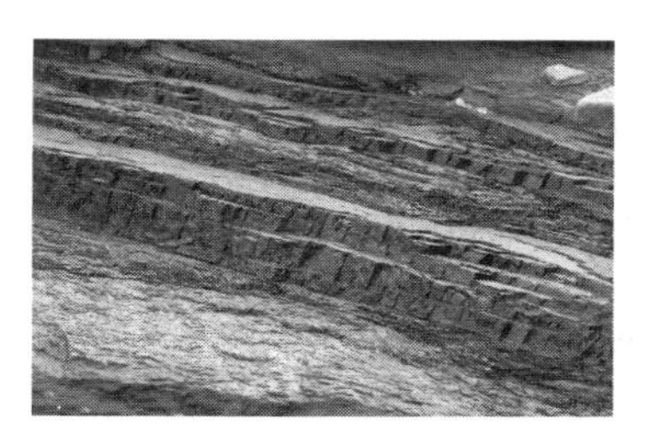

图 3-10　不同尺度的煤岩(体)

注：从左至右尺度依次为 0.001m、0.1m、10m。

突变特征，不难理解，只要地质体是非均匀的，存在不连续性(可以体现在行为、方式、形态、功能、信息、性质、物质、能量等方面)，就存在突变特征；而对于地质体的混沌特征，由于证明混沌特性需要对具体现象进行公式推导验证，无法进行直观展示，这里不进行展开讨论，Turcotte 的著作中对地质的混沌特征有详细介绍[24]。

3.6.3　地震信号非线性特征

自 Mandelbrot 提出分形概念后[28]，分形这一非线性方法迅速在各大领域广泛应用，包括地震勘探领域。地震勘探过程中，地震波在经历了在地下各种非均匀、各向异性介质中的传播后，地震记录十分复杂，携带了地下介质的所有信息，然而地震记录是否具有分形特征？直到 1995 年，曾锦光等从功率谱分析出发，导出了时间序列地震数据满足分形性质的必要条件，证实了在一定的频带范围内地震信号具有分形特征，同时也证实了地震信号具有混沌特征，这为利用分形和混沌等非线性方法进行地震数据分析提供了前提条件。图 3-11 展示了研究工区内的某个地震信号及其对应的能量谱(双对数坐标)、煤岩超声波测试信号及其对应的能量谱(双对数坐标)，可以将图中拟合的线段分为 3 段，其中第三段呈线性变化，满足分形的特征，说明地震信号具有分形特征。Turcotte 也分析了时间

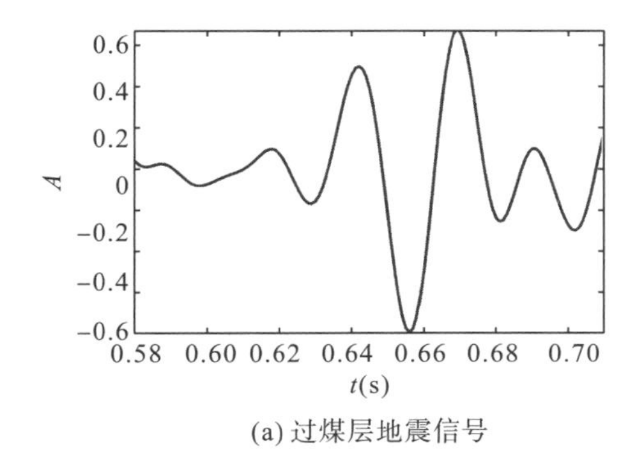

(a) 过煤层地震信号

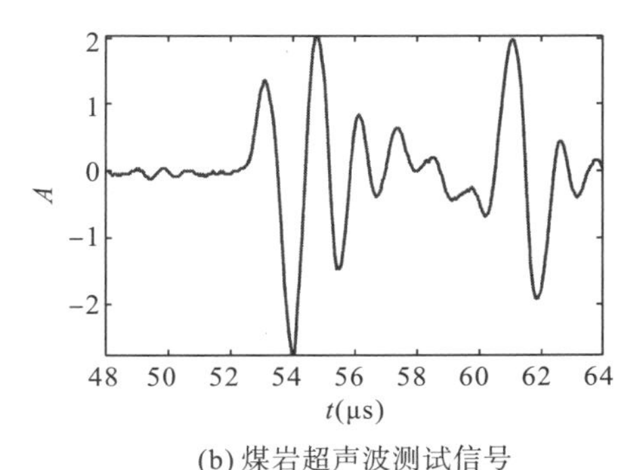

(b) 煤岩超声波测试信号

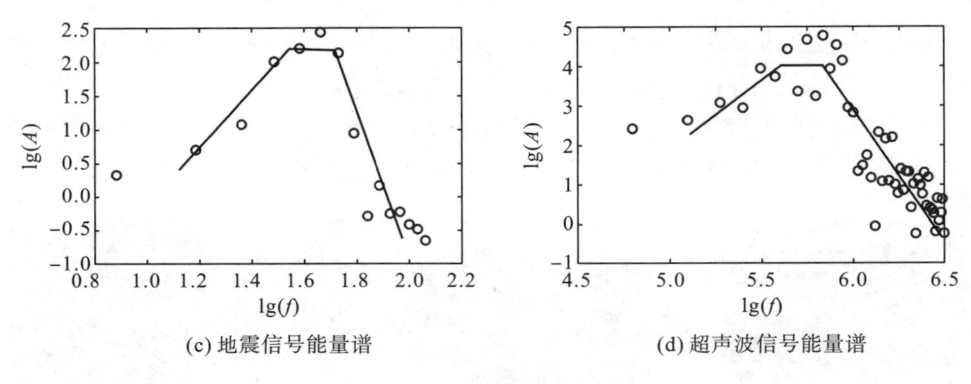

(c) 地震信号能量谱　　(d) 超声波信号能量谱

图 3-11　信号及其能量谱

序列数据的分形特征，当然，地震信号可以看作是时间序列数据[24]。而对于突变特征，无论是从原始地震信号来看，还是从地震信号的频谱来看，其突变特征都是显而易见的。

煤层气储层具有典型的双重孔隙结构，气体的吸附量与煤的孔隙发育程度和孔隙结构特征有关，这样的孔隙系统对煤层气的运移和产出起着重要的作用；对于一个非线性系统来说，其具有混沌特征、分形特征和突变特征，而煤层气储层具有这样的非线性特征；地震波在其中传播的波形信号可以看成是一个非线性系统，地震信号也同样具有非线性特征。后面的章节中将介绍一些非线性方法来提取出描述非线性特征的非线性参数，用于地震非线性解释中。

3.7　本 章 小 结

本章通过对动力学非线性系统的混沌特征、分形特征及突变特征的研究，为储层预测引入非线性理论与方法技术及创建储层预测新技术提供了依据：储层具有自相似性结构的分形系统特征，储层具有动力学系统的混沌特征，储层具有与尖点突变模型相似或相近的突变特征。因此，储层的沉积及演化过程完全是一个非线性过程，储层是一个非线性系统，地震波在其中的传播也是非线性的，其地震信号为非线性时间序列。

第 4 章　储层裂缝非线性预测方法与技术

目前，国内外裂缝预测技术大致有 5 类：①多场信息预测技术，包括构造应力分析[29]、相干分析、合成声波测井、P 波时差法和综合参数法等，它们可单独使用，也可联合使用；②方位 AVO 检测裂缝技术；③多分量与各向异性检测裂缝技术；④裂缝边缘检测技术；⑤裂缝非线性预测技术[30,31]。上述各类技术从不同角度对裂缝进行预测研究，有的技术简单易行，效果较差；有的技术成本较高，虽然效果较好，但不易推广。其中，裂缝非线性预测技术具有明显的优势，它主要是基于储集层裂缝系统具有非线性特征而提出的。储层裂缝非线性预测技术是由相空间的重建、裂缝的关联维分析、裂缝的混沌参数和突变参数技术所组成的。应用该技术可建立裂缝发育程度与油气分布之间的关系，进而准确地圈出油气富集的裂缝发育带。

4.1　相空间的重建

地震反射序列可视为单变量时间序列，它包含了大量的系统演化特征信息，那如何利用这个一维时间序列尽可能多地提取反映系统动力学特征的参数呢？常用的方法是对一维时间序列的维数进行扩充和延拓，即所谓的相空间重建。

对于一个 n 维流（含 n 个变量）的动力学系统，可用 n 个一阶微分方程来描述：

$$\frac{\mathrm{d}\boldsymbol{x}_i}{\mathrm{d}t}=f_i(x_1,x_2,\cdots,x_n,u) \tag{4-1}$$

式中，t 表示时间；$\{\boldsymbol{x}_i,i=1,2,\cdots,n\}$ 是一个 n 维的状态向量；$\boldsymbol{f}_i(x_1,x_2,x_3,x_4,\cdots,x_n,u)$ 是一个 n 维的函数向量，其中 u 为系统的控制参数。

用消元变换可将式(4-1)变换为一个 n 阶非线性微分方程：

$$x^{(n)}=f(x,x^{(1)},x^{(2)},\cdots,x^{(n-1)}) \tag{4-2}$$

此时状态空间的坐标就由 $(x,x^{(1)},x^{(2)},\cdots,x^{(n-1)})$ 或 $(x^{(1)},x^{(2)},\cdots,x^{(n)})$ 来代替。式(4-2)描述了与式(4-1)同样的动力学特征，它在由坐标 $x(t)$ 加上其导数序列 $\left\{x^{(j)}\right\}(j=1,2,\cdots,n-1)$ 所构成的空间中演变。因此，这种代替并不损失该动力系统演化的任何信息。1981 年，法国科学家 Ruelle 提出了用离散的时间序列 $x(t)$ 和它的 $n-1$ 个时延位移 $x(t+\tau),x(t+2\tau),\cdots,x(t+(n-1)\tau)$ 来代替式(4-2)中的 $x(t)$ 和它的导数序列，其中 τ 称为时延参数。

设地震道时间序列为

$$x(t_0),x(t_1),\cdots,x(t_i),\cdots,x(t_n) \tag{4-3}$$

将该序列可延拓为 m 维相空间：

$$\begin{bmatrix} x(t_0) & x(t_1) & \cdots & x(t_i) & \cdots & x(t_n-(m-1)\tau) \\ x(t_0+\tau) & x(t_1+\tau) & \cdots & x(t_i+\tau) & \cdots & x(t_n-(m-2)\tau) \\ x(t_0+2\tau) & x(t_1+2\tau) & \cdots & x(t_i+2\tau) & \cdots & x(t_n-(m-3)\tau) \\ \vdots & \vdots & & \vdots & & \vdots \\ x(t_0+(m-1)\tau) & x(t_1+(m-1)\tau) & \cdots & x(t_i+(m-1)\tau) & \cdots & x(t_n) \end{bmatrix} \tag{4-4}$$

式中，$\tau=k\Delta t(k=1,2,\cdots)$。式(4-4)中的每一列构成 m 维相空间的一个相点，任意相点 $x(t_i)$ 有 m 个分量：$x(t_i),x(t_i+\tau),x(t_i+2\tau),\cdots,x\left(t_i+(m-1)\tau\right)$。上述 $n-(m-1)\tau$ 个相点间的连线便形成了 m 维相空间的演化轨道(图 4-1)。这样，原来的状态空间就被嵌入的相空间所代替。

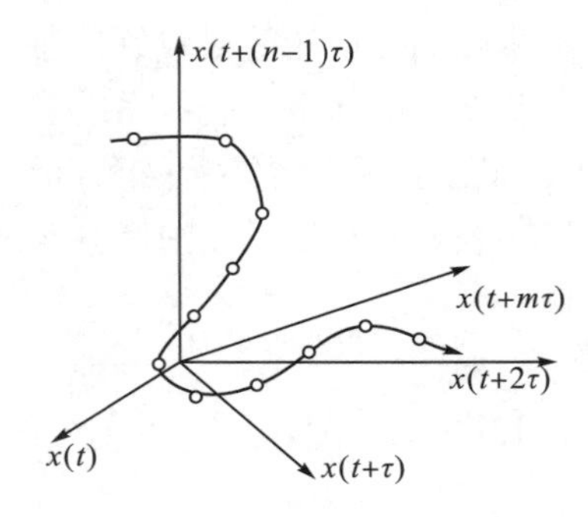

图 4-1　m 维嵌入相空间的轨道

4.1.1　嵌入维数的确定

重构一个好的相空间是非线性时间序列分析的关键所在，主要包括嵌入维数和延迟 τ 的选取。目前在地球物理领域中，国内有许多非线性地震属性研究的文章引起了争议，甚至受到有关专家的批驳[32]，也许这就是问题的症结所在，而不能将所谓的不可靠归结于混沌理论本身。嵌入维数的确定，要追溯到 Takens 在 1980 年证明的嵌入定理：如果原来吸引子处在一个 m 维空间中(假定原动力系统的状态空间是一个 d 维流形)，那么其嵌入空间维数必须是 $m \geqslant 2d+1$。只要满足上述条件，则重构的动力系统与原动力系统是几何等价的。但实际上，状态空间的维数(即吸引子的维数)是未知的，在实际操作过程中，常采用实用的方法求 m 和 d，即先假定一个小的 m，计算吸引子维数，然后逐渐增大，直到当嵌入维数 m 达到某一值时，吸引子维数值不再做有意义的改变，此时所求得的吸引子的维数才能真正代表状态空间维数，且 m 为真正的嵌入空间维数。

4.1.2　延迟 τ 值的选择

过小的 τ 值可能会使所有的轨道点都集中在一起，过大的 τ 值可能会使轨迹过于复杂，这可能在增大计算量的同时，引起错误的结果。最好的形式就是轨道点既不集中在一起，也不过于复杂。

在 τ 值的选择方面，人们提出了各种 τ 值选取的优化方案：相关函数法和互信函数法等。在相关函数法中，采用 τ 值扫描，取相关函数值为零或很小的 τ 值，即为选取的较合适的 τ 值，它保证了各分量之间相互独立性。

4.2　地震信号关联维数计算与储层裂缝关联维预测技术

相空间建立后，接着便是求相空间的维数，即吸引子的维数，此维数又称关联维。设 m 维相空间中的一对相点为 (y_i, y_j)，则有

$$\begin{aligned} y_m(t_i) &= (x(t_i), x(t_i+\tau), \cdots, x(t_i+(m-1)\tau)) \\ y_m(t_j) &= (x(t_j), x(t_j+\tau), \cdots, x(t_j+(m-1)\tau)) \end{aligned} \tag{4-5}$$

设它们之间的距离，即欧氏模为 $r_{ij}(m)$，则

$$r_{ij}(m) = \left\| y_m(t_i) - y_m(t_j) \right\| \tag{4-6}$$

任给一标度 r，统计相空间中距离小于 r 的点对数目在所有点对中所占的比例：

$$C(m,n,r) = \frac{1}{N^2} \sum_{i,j=1}^{N} H(r - \left\| y_i - y_j \right\|) \tag{4-7}$$

其中，N 为相点总数，$N = n-(m-1)\tau$；H 是赫维赛德阶跃函数：

$$H(x) = \begin{cases} 0, & x<0\text{时} \\ 1, & x \geqslant 0\text{时} \end{cases} \tag{4-8}$$

为了加快运算速度，考虑到 $\left\| y_i - y_j \right\| = \left\| y_j - y_i \right\|$，则可将式(4-7)改写为

$$C(m,n,r) = \frac{1}{N^2} \sum_{i=1}^{N-1} \sum_{j=i+1}^{N} H(r - \left\| y_i - y_j \right\|) \tag{4-9}$$

若 r 选得太大，则任何一对矢量都发生“关联”，有 $C(m,n,r)=1$，取对数后为 0，这样的 r 不能反映系统的内部性质；若 r 选得过小，则噪声将在任何一维上都起作用，有 $C(m,n,r) \to 0$。只有当在适当的标度区间内时，$C(m,n,r)$ 随 r 的变化才呈幂函数形式：

$$C(m,n,r) = r^{D(m)} \tag{4-10}$$

则有

$$D(m) = \left| \frac{\ln C(m,n,r)}{\ln r} \right| \tag{4-11}$$

$D(m)$ 称为关联维。显然，关联维 $D(m)$ 与所嵌入的相空间维数 m 有关。

在应用中，作出 $\ln C(r)$ - $\ln r$ 曲线，考察其间的最佳拟合直线，则该直线的斜率就是 $D(m)$。为了使 m 的选择合适，可以增大 m，通常 $D(m)$ 也相应增大，到一定的 $m = m_{\min}$，此后 $D(m)$ 不再增大且近于不变，那么，$m_{\min}$ 就可以视为能容纳该奇异吸引子的最小重构相空间维数，也就是该时间序列的关联维数。

4.2.1　关联维的计算

计算关联维数的具体做法如下：先给定一个较小的 m，根据所取的 N' 个 r 值和与其对应的 N' 个 $C(m,n,r)$ 值，作出 $\ln C(m,n,r)$ - $\ln r$ 曲线，其直线部分的斜率即为 $D(m)$。不

断地提高嵌入维数 m，重复上述步骤，直至 m 达到某一值 m_c 时，相应的关联维数的估计值 $D(m)$ 不再随 m 的增长发生有意义的变化(即保持在给定的误差范围内)，此时所对应的 m 值被称为饱和嵌入维数(即 m_c)。

4.2.2　关联维计算中无标度区及其选择

实践证明，实际系统的尺度变换受到上下端限制，即在 $\ln r$ - $\ln C(r)$ 平面上，点列 $\{(\ln r_i, \ln C(r_i)), i=1,2,\cdots,n\}$ 的分布可划分为 3 段，中间线性好的近似直线段称为无标度区，如图 4-2 所示。

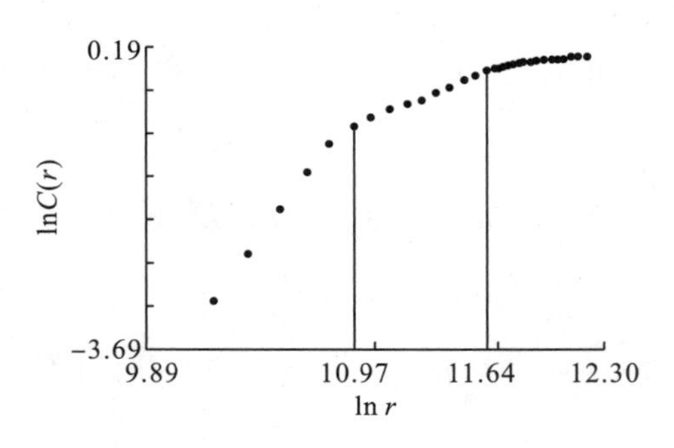

图 4-2　$\ln r$ - $\ln C(r)$ 平面

关联维计算中，当码尺选得太大、太小时，关联函数都不能反映系统的内部性质，这时 $\ln C(r)$ - $\ln r$ 曲线大致呈三折段形状，只有中间一段线性段才表明了系统的分形特征。因此，在直线拟合时，应将这一段截取出来。

设给定曲线有 m 个点，点的坐标为 $(u_i, v_i), i=1,2,\cdots,m$，求序号 n_1、n_2 $(1<n_1<n_2<m)$ 得

$$G(n_1,n_2)=\sum_{k=1}^{3}\sum_{i}(u_i-a_k-b_k u_t)^2$$

达到最小。其中，k=1, 2, 3，即分为 1、2、3 段，n_1 为第一段的点数，n_2-n_1 为中间段(无标度区)的点数，$G(n_1-n_2)$ 为三段拟合误差之和，a_k 和 b_k 分别为第 k 段的截距和斜率。计算时不断移动 n_1、n_2，求得与 n_1、n_2 对应的拟合差 $G(n_1-n_2)$，比较所有拟合差的大小，若 $G(n_1-n_2)$ 最小，则对应的 n_1、n_2 分别为无标度区始末端点。

4.3　地震信号李雅普诺夫指数的计算与储层裂缝混沌预测技术

李雅普诺夫指数分析是一种比较好的方法，它一方面刻画了系统的行为是否是混沌的，是储层演化的混沌度判别指标；另一方面它与相空间随时间长期变化的总体特征相关联[33-38]。

对于一个 n 维流的动力系统：

$$\frac{\mathrm{d}f}{\mathrm{d}\boldsymbol{X}_i}=\boldsymbol{f}_i(X_1,X_2,\cdots X_n;u)\qquad i=1,2,\cdots,n \tag{4-12}$$

这里 $\boldsymbol{X}_i(X_1,X_2,\cdots,X_n)$ 是一个 n 维的状态向量，并由它构成了一个 n 维的相空间，$\boldsymbol{f}_i(X_1,X_2,\cdots,X_n;\mu)$ 是一个 n 维的函数向量，u 是系统的控制参数，它的取值决定了相空间吸引子的类型，若系统是耗散的，即它是相空间的收缩流，则

$$\sum_{i=1}^{n}\frac{\partial \boldsymbol{f}_i}{\partial x_i}<0 \tag{4-13}$$

如果用 $\{\delta X_i(t),i=1,2,\cdots,n\}$ 表示 t 时刻系统的误差，那么，只要 { $\boldsymbol{\delta X}_i$ } 足够小，则误差 $\boldsymbol{\delta X}_i$ 的增长率由下列微分方程控制：

$$\frac{\mathrm{d}\boldsymbol{\delta X}_i}{\mathrm{d}t}=\sum_{i=1}^{n}\boldsymbol{A}_{ij}\boldsymbol{\delta X}_i \tag{4-14}$$

系数 $\boldsymbol{A}_{ij}$ 是式(4-13)右端项的雅可比矩阵元素：

$$\boldsymbol{A}_{ij}=\left.\frac{\partial \boldsymbol{f}_i(X_1,X_2,\cdots,X_n;\boldsymbol{\mu})}{\partial X_j}\right|_{X=X_0} \tag{4-15}$$

$\boldsymbol{A}_{ij}$ 随时间演化的 $x(t)$ 的变化而变化。

由误差向量 $\boldsymbol{\delta X}_i$ $(i=1,2,\cdots,n)$ 所构成的空间称为切空间，在切空间中，考察一个以 X 为中心，W_0 为直径的 n 维无穷小球面的长时间变化(图 4-3)。

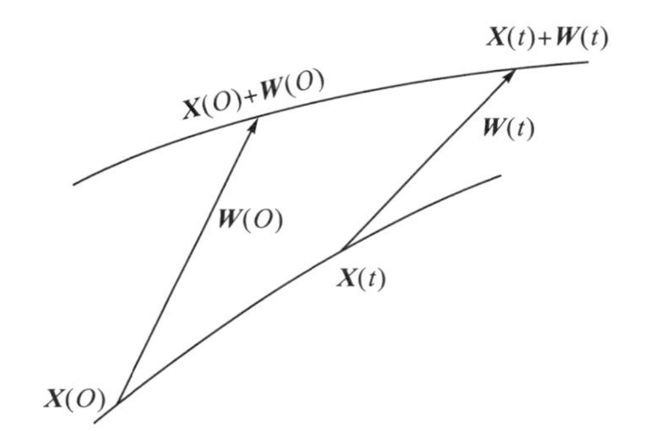

图 4-3　切空间内系统的演化示意图

由于初值条件的敏感性和局部形变，该球面将变为椭球面，而雅可比矩阵 $\boldsymbol{A}_{ij}$ 的特征值可以给出某一确定时刻相体积在各个方向的指数变化率，可用各个方向基轴的长度 $W_i(t)$ 与初始小球的直径 $W_i(0)$ 间的比值表示在切空间中的不同方向上的指数增长率，即

$$LE_i=\lim_{t\to 0}\frac{1}{t}\ln\frac{W_i(t)}{W_i(0)}\qquad i=1,2,\cdots,n \tag{4-16}$$

式(4-16)即为系统第 i 个李雅普诺夫指数的定义，切空间中每个基轴都有一个李雅普诺夫指数，若按大小顺序排列为

$$LE_1>LE_2>\cdots\geqslant LE_n \tag{4-17}$$

则称为李雅普诺夫指数谱，LE_1 称为最大李雅普诺夫指数，它是判别系统行为是否为混沌

的重要的定量标志，而

$$LE^{+} = \sum_{LE_i > 0} LE_i \quad i = 1,2,\cdots,n \tag{4-18}$$

则描述了相空间中一个小体积元在其伸长方向的平均指数增长率，称为混沌度。

总之，李雅普诺夫指数是相空间不同方向相对运动的局部变形的平均，是系统整体特征的一个表示。对于保守系统，由于相对体积守恒，所以 LE_i=0。对于耗散系统，其相空间总体上是收缩的，所以 LE_i<0。在 LE_i<0 的方向上，其相空间总体上是收缩的，该方向的运动是稳定的，所以对于耗散系统，至少有一个李雅普诺夫指数小于 0。另外，每一个正的李雅普诺夫指数均反映了体系在某个方向上的不断膨胀和折叠，使得吸引子邻近的状态变得越来越不相关。系统初值的任意性将导致系统长时间行为的不可预测性，即初值敏感性，此时运动处于混沌状态。

1985 年，A.Wolf 根据李雅普诺夫指数的定义及其几何意义，提供了以单变量时间序列求取最大李雅普诺夫指数 LE_1 的方法，具体如下。

(1) 根据时间序列重构 m 维相空间。

(2) 在延拓的 m 维相空间里，取初值相点 $A(t_0)$ 为参考点(图 4-4)。

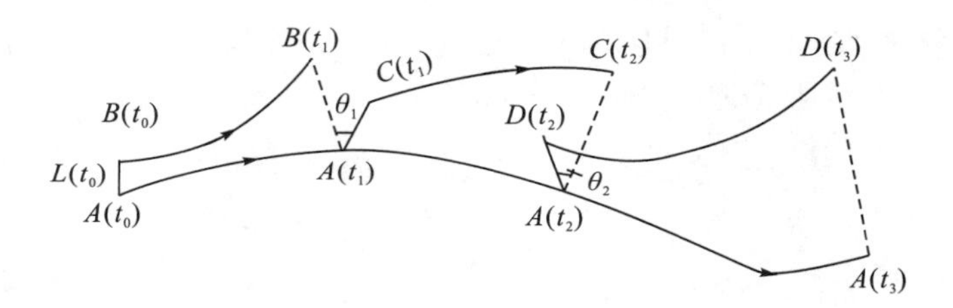

图 4-4　相空间演化示意图

(3) 求取 $A(t_0)$ 与其余各点的距离，并找出它的最近邻点 $B(t_0)$，距离为 $L(t_0)$；设在时刻 $t_1 = t_0 + k\Delta t$，$A(t_0)$ 点演化到 $A(t_1)$，同时 $B(t_0)$ 演化到 $B(t_1)$，距离为 $l(t_1)$，用 λ_1 表示在 $k\Delta t(k=1)$ 时间内线段的指数增长率，则

$$l(t_1) = L(t_0)\mathrm{e}^{\lambda_1 \Delta t_k}$$

即

$$\lambda_1 = \frac{1}{t_1 - t_0} \ln \frac{l(t_1)}{L(t_0)}$$

其中，$t_1 - t_0 = k\Delta t$。

(4) 在若干个最近邻点中找到一个满足 θ 角很小的近邻点 $C(t_1)$［若找不到，则仍取 $B(t_1)$，距离为 $L(t_1)$］。设在 $t_2 = t_1 + k\Delta t$ 时，$A(t_1)$ 发展到 $A(t_2)$，$C(t_1)$ 发展到 $C(t_2)$，距离为 $l(t_2)$，则

$$\lambda_2 = \frac{1}{t_2 - t_1} \ln \frac{l(t_2)}{L(t_1)}$$

其中，$t_2 - t_1 = k\Delta t$。

将上述过程一直进行到点集 $\{x_j\}$ 的终点，而后取指数增长率的平均值为最大的李雅普诺夫指数的估计值，即

$$LE_1 = \frac{1}{N}\sum_{i=1}^{N}\ln\frac{l(t_i)}{L(t_{i-1})}$$

其中，N 为发展的总步数；$k\Delta t$ 为步长。

(5) 增大相空间维 m，重复上述 4 步，直到 LE_1 保持平稳，这时的 LE_1 为最大李雅普诺夫指数。

李雅普诺夫指数随相空间嵌入维的增加容易趋于稳定值，这就使它预测地震序列横向变化的可靠性增大，这正是李雅普诺夫指数预测油气储层的优点。

4.4　地震信号突变参数的计算与储层裂缝突变预测技术

对某段目的层地震数据 $\{x_i\}$ 来讲，可先取前 m 个点进行泰勒展开，并截取到四次项，将泰勒展开式化为尖点突变模型，得到控制变量的值，然后算出泰勒展开式的平衡面方程，求出它的判别式。由突变论知，可根据判别式的符号来判断系统是否发生突变。当判别式为负数时，系统发生了突变，再取前 $m+1$ 个数据，依次计算，从而得到该地震信号的突变次数，并据此来表征信号的突变特征[13, 14]。

将地震信号看成对时间变量 t 的连续函数 $x(t)$，$x(t)$ 可展开成如下级数形式：

$$y = x(t) = a_0 + a_1 t + a_2 t^2 + \cdots + a_n t^n \tag{4-19}$$

其中，t 为时间；y 为 t 对应的位移；$a_0, a_1, \cdots, a_n$ 为待确定的常数。

实际分析发现，对具有一定趋势规律的时间序列，截取到四次项时，精度已足够高。这样对式 (4-19) 可近似表示为

$$y = a_0 + a_1 t + a_2 t^2 + a_3 t^3 + a_4 t^4 \tag{4-20}$$

对式 (4-20) 作变量代换，化成尖点突变的标准形式，先令

$$t = z_t - q \tag{4-21}$$

式中，$q = a_3/4a_4$，再将式 (4-21) 代入式 (4-19) 得

$$y = b_4 z_t^4 + b_2 z_t^2 + b_1 z_t + b_0 \tag{4-22}$$

式中，

$$b_0 = a_4 q^4 - a_3 q^3 + a_2 q^2 - a_1 q + a_0 \tag{4-23}$$

$$b_1 = -4a_4 q^3 + 3a_3 q^2 - 2a_2 q + a_1 \tag{4-24}$$

$$b_2 = 6a_4 q^2 - 3a_3 q + a_2 \tag{4-25}$$

$$b_4 = a_4 \tag{4-26}$$

式 (4-21) 仍不是尖点突变的标准形式，做进一步变量代换，令

$$z_t = \sqrt[4]{\frac{1}{4b_4}}z \qquad (b_4 > 0) \tag{4-27}$$

或

$$z_t = \sqrt[4]{-\frac{1}{4b_4}z} \qquad (b_4 < 0) \tag{4-28}$$

这里，仅以 $b_4 > 0$ 为例进行分析。把式(4-27)代入式(4-22)得

$$y = \frac{1}{4}z^4 + \frac{1}{2}az^2 + bz + c \tag{4-29}$$

式中，$c=b_0$，为剪切项，它对突变分析毫无意义；a、b 分别为

$$a = \frac{b_2}{\sqrt{b_4}} \tag{4-30}$$

$$b = \frac{b_1}{\sqrt[4]{4b_4}} \tag{4-31}$$

式(4-29)即为以 z 为状态变量，以 a、b 为控制变量的尖点突变模型，由突变论知，平衡曲面方程为

$$z^3 + az + b = 0 \tag{4-32}$$

分叉集方程为

$$4a^3 + 27b^2 = 0 \tag{4-33}$$

只有在控制变量满足分叉集方程(4-33)时，系统才是不稳定的，才可能由一个平衡态突变到另一个平衡态。

4.5　储层裂缝发育度综合评价技术

储层裂缝发育度综合评价是基于所提取的 3 种非线性参数：关联维数、李雅普诺夫指数和突变参数，采用综合参数法或储层裂缝非线性评价技术(见第 6 章)，获得表征储层裂缝发育程度的综合非线性参数。因此，能准确地找到有效裂缝富集层段或区块，并可建立有效裂缝富集区与油气富集区之间的关系[38]。

用所提取的 3 种非线性参数形成一个矩阵，设地震道数为 n 道，特征参数为 L 个，矩阵如下：

$$\boldsymbol{X} = \begin{bmatrix} x_{11} & x_{12} & x_{13} & \cdots & x_{1L} \\ x_{21} & x_{22} & x_{23} & \cdots & x_{21} \\ \vdots & \vdots & \vdots & & \vdots \\ x_{k1} & x_{k2} & x_{k3} & \cdots & x_{kL} \\ \vdots & \vdots & \vdots & & \vdots \\ x_{n1} & x_{n2} & x_{n3} & \cdots & x_{nL} \end{bmatrix} \tag{4-34}$$

对多参数寻求一个加权因子 h，计算各研究对象上多参数的加权平均值 S_k。以多参数 x_{kl} 的线性组合，构成参数 S_k：

$$S_k = \sum_{l=1}^{L} x_{kl} h_l \tag{4-35}$$

设 T 为门槛值，当 $S_k > T$ 时，为有信号类；当 $S_k < T$ 时，为无信号类，这是一个信号

检测问题。

设 $\overline{S}$ 为综合参数 S_k 按道取平均值：

$$\overline{S}=\frac{\sum_{k=1}^{n}S_k}{n}=\frac{\sum_{k=1}^{n}\sum_{l=1}^{L}x_{kl}h_l}{n} \tag{4-36}$$

或者

$$\overline{S}=\sum_{k=1}^{n}\overline{x}_l h_l=\frac{\sum_{l=1}^{L}\left(\frac{\sum_{k=1}^{k}x_{kl}}{n}\right)}{h_l} \tag{4-37}$$

为使两类别区分度最大，要求：

$$\sum_{k=1}^{n}(S_k-\overline{S})^2\to\max \tag{4-38}$$

S_k 相对平均值 $\overline{S}$ 偏差最大。考虑到当 $|h_l|$ 增大时，均方偏差 $\sum_{k=1}^{n}(S_k-\overline{S})^2$ 也随之增大而无法求取极值，为此，选取目标函数：

$$\varPhi=\frac{\sum_{k=1}^{n}(S_k-\overline{S})^2}{\sum_{l=1}^{n}h_l^2}\to\max \tag{4-39}$$

整理式(4-39)分子项，将式(4-35)和式(4-38)代入，则有

$$\begin{aligned}\sum_{k=1}^{K}(S_k-\overline{S})^2&=\sum_{k=1}^{n}\left(\sum_{l=1}^{L}x_{kl}h_l-\sum_{l=1}^{L}\overline{x}_l h_l\right)^2\\&=\sum_{k=1}^{n}\left[\sum_{l=1}^{L}h_l(x_{kl}-\overline{x}_l)\right]^2\\&=\sum_{k=1}^{n}\left[\sum_{l=1}^{L}h_l(x_{kl}-\overline{x}_l)\sum_{m=1}^{L}h_m(x_{km}-\overline{x}_m)\right]\\&=\sum_{l=1}^{L}h_l\sum_{m=1}^{L}h_m\left[\sum_{k=1}^{n}(x_{kl}-\overline{x}_l)(x_{km}-\overline{x}_m)\right]\end{aligned} \tag{4-40}$$

令

$$\gamma_{lm}=\sum_{k=1}^{n}(x_{kl}-\overline{x}_l)(x_{km}-\overline{x}_m) \tag{4-41}$$

代入式(4-40)得

$$\sum_{k=1}^{K}(S_k-\overline{S})^2=\sum_{l=1}^{L}\sum_{m=1}^{L}h_m\gamma_{lm} \tag{4-42}$$

式中，γ_{lm} 为参数协方差或自相关矩阵元素，将式(4-42)改写成矩阵形式可有

$$\sum_{k=1}^{K}(S_k-\overline{S})^2=\boldsymbol{h}^{\mathrm{T}}\boldsymbol{R}\boldsymbol{h} \tag{4-43}$$

同理，式(4-39)分母可写作：

$$\sum_{l=1}^{L} h_l^2 = \boldsymbol{h}^{\mathrm{T}} \boldsymbol{I} \boldsymbol{h} \tag{4-44}$$

式中，$\boldsymbol{I}$ 为单位阵，这样目标函数 Φ 为

$$\Phi = \frac{\boldsymbol{h}^{\mathrm{T}} \boldsymbol{R} \boldsymbol{h}}{\boldsymbol{h}^{\mathrm{T}} \boldsymbol{I} \boldsymbol{h}} \tag{4-45}$$

为寻找 $\boldsymbol{h}$ 使 Φ 达到极值，对 h_l 求导并令其等于 0，可得方程组，将其表示为本征方程形式有

$$\{\boldsymbol{R} - \lambda \boldsymbol{I}\}\boldsymbol{h} = 0 \tag{4-46}$$

式中，λ 为本征值；$\boldsymbol{h}$ 为本征值对应的向量。

求解方程(4-46)，得到本征值 λ 和相应的本征向量 $\boldsymbol{h}$。取最大本征值 $\lambda_{\max}$，它所对应的本征向量 $\boldsymbol{h}$ 就是满足条件式(4-38)和式(4-39)的加权因子，使用所得的加权因子 h 对观测参数集合 $\mathbf{X}$ 按式(4-35)处理，得到综合参数，供解释和判定使用。

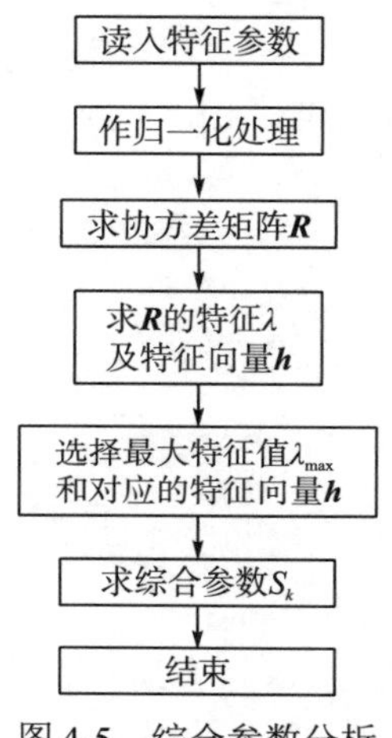

图 4-5　综合参数分析流程图

图 4-5 是综合参数分析流程图。其计算步骤如下。

(1) 将地震参数组成参数矩阵 $\boldsymbol{X}$，分别计算各参数对观测点的平均值 $\bar{S}$。

(2) 考虑到各参数具有不同的物理意义和量纲，在计算协方差矩阵前，对各参数作归一化处理。

(3) 按式(4-41)计算协方差，并组成协方差矩阵，然后求解本征方程(4-46)。

(4) 对本征值 λ 按由大到小的顺序排队，选取 $\lambda_{\max}$，求对应的本征向量 $\boldsymbol{h}$，对各道多参数 x_{kl} 做加权求和，得到综合参数 S_k。

(5) 估计门槛值 T，对研究对象做分类预测，或对综合参数做趋势分析，求取综合参数的剩余异常，同样可以对研究对象做出预测。

4.6　储层裂缝非线性预测效果

4.6.1　表征储层裂缝的非线性参数特征

图 4-6 是 ZC 构造 90NGD04 剖面储层非线性参数剖面。由图 4-6 可以看出，3 种非线性参数沿剖面变化，并出现高值异常段，尤其是在 Z2 井附近地段异常表现明显。Z2 井处于高值异常的峰值部位。

分析全部储层的非线性参数剖面表明，在嘉四 ^{1}—嘉三储层段内，在不同储层部位出现非线性参数的异常，这反映了出现非线性参数异常的部位为嘉四 ^{1}—嘉三储层的裂缝发育段或裂缝相对发育段。

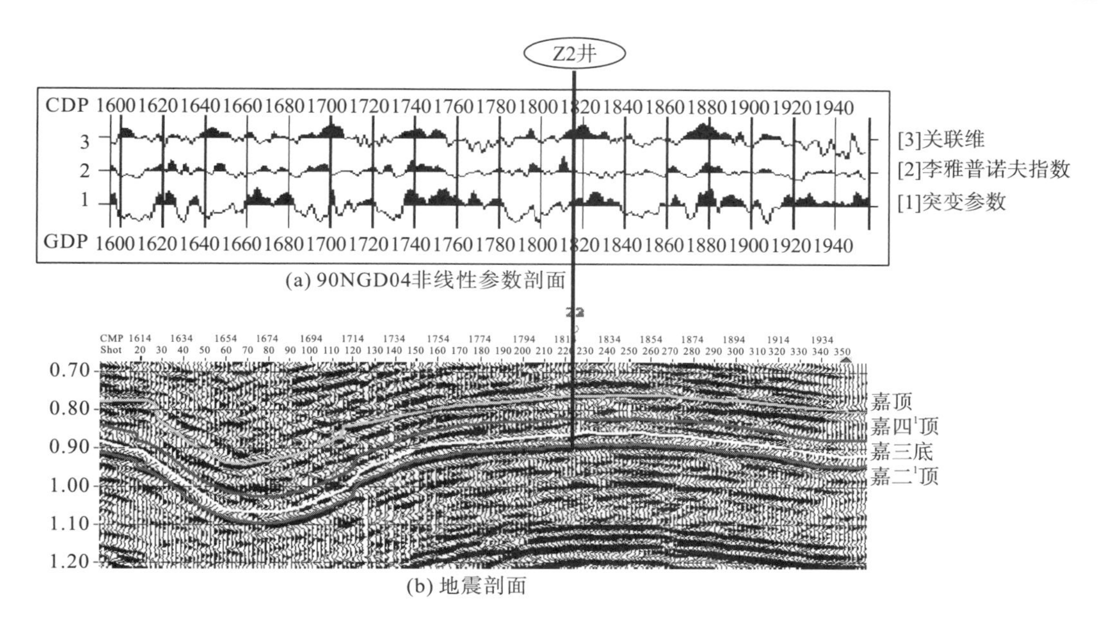

图 4-6　90NGD04 非线性参数剖面和地震剖面

4.6.2　储层裂缝空间展布特征

图 4-7 是嘉四 ¹—嘉三储层的突变系数平面图。由图 4-7 可以看出，除 Z③断层带不予研究外，ZC 构造嘉四 ¹—嘉三储层的突变系数有如下平面分布特征。

(1) 嘉四 ¹—嘉三储层的突变系数异常按 3 个带分布：沿 Z②断层带分布；沿构造轴部分布；沿构造西翼分布，其分布方向为 NE—SW。

(2) 沿构造轴部分布的突变系数异常带，其异常值为 0.45～0.55；沿构造西翼分布的突变系数异常带，其异常值为 0.45～0.55，表明嘉四 ¹—嘉三储层的裂缝发育程度为中低级。

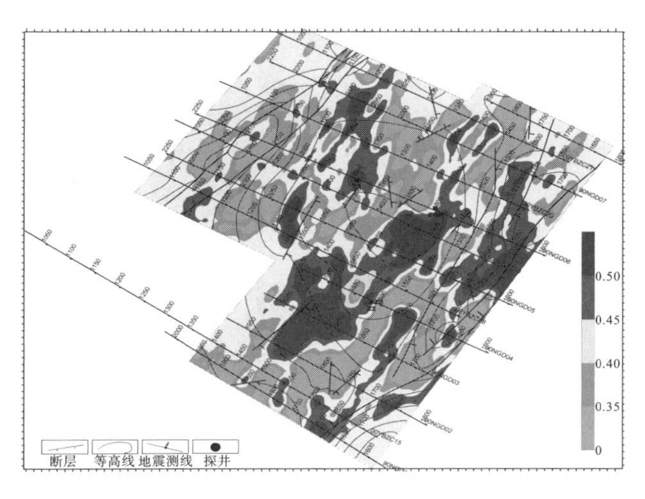

图 4-7　ZC 地区嘉四 ¹—嘉三储层突变系数平面图

图 4-8 是嘉四^{1}—嘉三储层的李雅普诺夫指数平面图。由图 4-8 可以看出，嘉四^{1}—嘉三储层的李雅普诺夫指数大致可分为 3 个带，与突变系数的变化规律相似，李雅普诺夫指数的异常值为 0.23～0.29，反映了嘉四^{1}—嘉三储层演化及后期地质改造的发散作用，它与断层及裂缝有关。

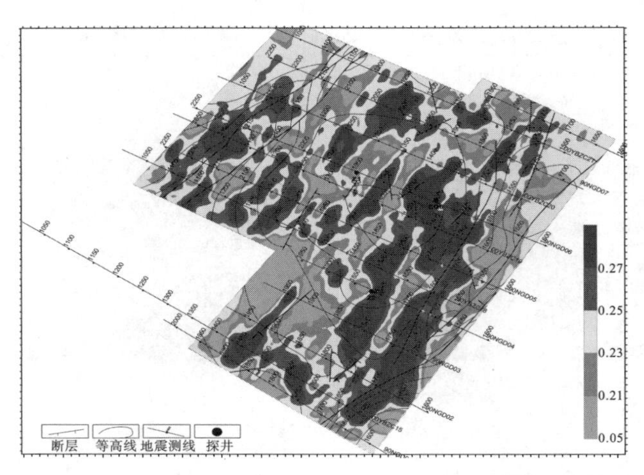

图 4-8　ZC 地区嘉四^{1}—嘉三储层李雅普诺夫指数平面图

图 4-9 是嘉四^{1}—嘉三储层的关联维平面图。由图 4-9 可以看出，嘉四^{1}—嘉三储层的关联维与其突变系数和李雅普诺夫指数具有相似的变化特点，总的变化趋势是相似的。嘉四^{1}—嘉三储层的关联维异常值为 0.59～0.68，反映了该储层为中等不规则性结构和中等复杂程度及局部化特征。

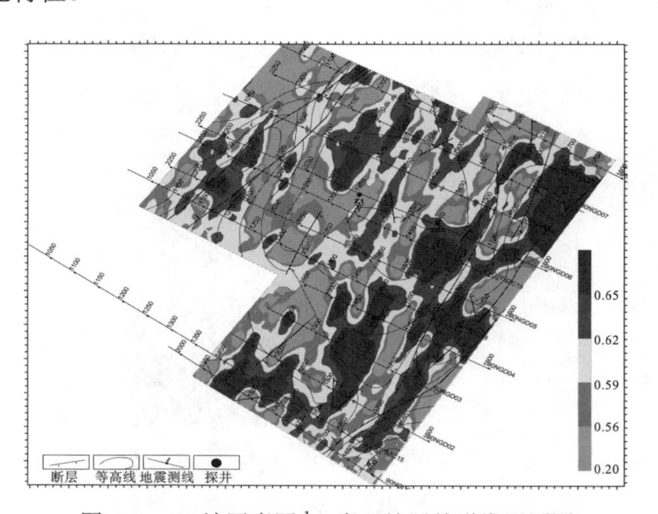

图 4-9　ZC 地区嘉四^{1}—嘉三储层关联维平面图

图 4-10 是将突变系数、李雅普诺夫指数与关联维进行综合判别后所得到的嘉四^{1}—嘉三储层裂缝发育带分布图。由图 4-10 可以看出，嘉四^{1}—嘉三储层裂缝发育带分布具有下列特征和规律。

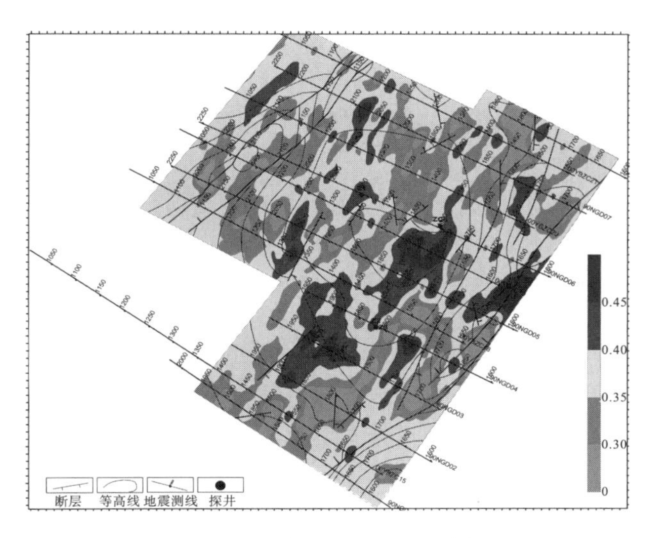

图 4-10　ZC 构造嘉四 ¹—嘉三储层裂缝发育带分布图

(1) 裂缝展布分为 3 个带：沿 Z②断层带、沿构造主体部位及沿构造西翼。

(2) 主要裂缝发育区块有两个：第一个区块处于 90NGD04～00YBZC20 之间，NE—SW 向，其置信度值(裂缝发育指数)为 0.4～0.5；第二个区块处于 00YBZC18～90NGD02 之间，其置信度值(裂缝发育指数)为 0.4～0.5。这两个区块位于构造的有利部位。

(3) 位于构造西翼的第三个裂缝发育带，其置信度值(裂缝发育指数)为 0.35 的背景上零星分布着 0.4～0.5 的小区块。

(4) ZC 构造嘉四 ¹—嘉三储层裂缝发育程度的置信度(裂缝发育指数)为 0.4～0.5，因此，所确定的 ZC 构造嘉四 ¹—嘉三储层的裂缝发育区块为裂缝较发育区块。

4.7　本 章 小 结

本章基于储层是一个非线性系统，通过对相空间的重建、表征裂缝特征的非线性参数及综合评价研究，建立起储层裂缝非线性预测方法与技术。

(1) 相空间重建是采用对单变量时间序列的维数进行扩充和延拓。一个好的相空间可代替原来的状态空间，恢复储层系统的动力学特征，以准确地提取 3 种非线性参数。

(2) 非线性参数提取技术由关联维、李雅普诺夫指数、突变参数计算和提取技术组成。这 3 种非线性参数直接表征了裂缝发育特征，称之为直接参数。

(3) 利用非线性参数，采用综合参数法对裂缝进行综合评价，获得表征裂缝发育程度的综合评价参数，它可作为预测有效裂缝富集区带的指标。

总之，由相空间重建、非线性参数提取及预测技术、综合参数法所构成的储层裂缝预测方法与技术是一种新型的方法技术，具有明显的优势，并且在建立有效裂缝富集区与油气富集区之间的关系时效果显著。

第5章　储层地震高分辨率非线性反演方法与技术

储层地震高分辨率非线性反演方法是一种集遗传算法和人工神经网络技术的优势于一体的新技术，它采用混合智能学习方法，这种学习方法是将BP算法作为一个算子嵌入自适应遗传算法中，以概率的方式进行搜索运算，从而快速而精确地找到全局最优解[39]。

5.1　遗 传 算 法[40-46]

5.1.1　遗传算法概述

遗传算法(GA)是模拟生物在自然环境中的遗传和进化过程而形成的一种自适应全局优化概率搜索算法。它最早由美国密歇根大学的John Holland教授提出，起源于20世纪60年代对自然和人工自适应系统的研究。20世纪70年代De Jong基于遗传算法的思想在计算机上进行了大量的纯数值函数优化计算实验。在一系列研究工作的基础上，20世纪80年代由Goldberg进行归纳总结，形成了遗传算法的基本框架。

遗传算法是从代表问题可能潜在解集的一个种群开始的。其中，种群是由经过基因编码的一定数目的个体组成的，每个个体实际上是带有特征的实体染色体作为遗传物质的主要载体，即多个基因的集合，其内部表现(即基因型)是某种基因组合，它决定了个体性状的外部表现。因此，在一开始需要实现从表现型到基因型的映射(即编码工作)。由于仿照基因编码的工作很复杂，我们往往需要进行简化，如二进制编码、浮点数编码等。初始种群产生之后，按照适者生存和优胜劣汰的原则，逐代演化，产生越来越好的近似解。在每一代，根据问题域中个体的适应度挑选个体，并借助自然遗传学的遗传算子进行组合交叉和变异，产生出代表新的解集的种群。这个过程将导致种群像自然进化一样，后生代种群比前代更加适应环境，末代种群中的最优个体经过解码，可以作为问题近似最优解。

对于一个求函数最大值的优化问题(求函数最小值也类似)，一般可描述为下述数学规划模型：

$$\begin{cases} \max f(\boldsymbol{X}) & (5\text{-}1) \\ \text{s.t.}\ \boldsymbol{X} \in \mathbf{R} & (5\text{-}2) \\ \quad \mathbf{R} \subseteq \mathbf{U} & (5\text{-}3) \end{cases}$$

式中，$\boldsymbol{X} = [x_1, x_2, \cdots, x_n]^{\mathrm{T}}$ 为决策变量；$f(\boldsymbol{X})$ 为目标函数。

式(5-2)、式(5-3)为约束条件，**U** 是基本空间，**R** 是 **U** 的一个子集。满足约束条件的解 $\boldsymbol{X}$ 称为可行解。**R** 表示由所有满足约束条件的解所组成的一个集合，叫作可行解集合。

对于上述最优化问题，目标函数和约束条件种类繁多，有的是线性的，有的是非线性的；有的是连续的，有的是离散的；有的是单峰值的，有的是多峰值的。随着研究的深入，人们逐渐认识到在很多复杂情况下要想完全精确地求出其最优解既不可能，也不现实，因而求出其近似最优解或满意解是人们的主要着眼点之一。总的来说，求最优解或近似最优解的方法主要有 3 种：枚举法、启发式算法和搜索算法。

枚举法是枚举出可行解集合内的所有可行解，以求出精确最优解。对于连续函数，该方法要求先对其进行离散化处理。这样就有可能产生离散误差而永远得不到最优解。另外，当枚举空间比较大时，该方法的求解效率比较低，有时甚至在目前最先进的计算工具上都无法求解。

启发式算法是寻求一种能产生可行解的启发式规则，以找到一个最优解或近似最优解。该方法的求解效率虽然比较高，但对每一个需要求解的问题都必须找出其特有的启发式规则，而这个启发式规则无通用性，不适合于其他问题。

搜索算法是寻求一种搜索算法，该算法在可行解集合的一个子集内进行搜索操作，以找到问题的最优解或近似最优解。该方法虽然保证不了一定能够得到问题的最优解，但若适当地利用一些启发知识，则可在近似解的质量和求解效率上达到一种较好的平衡。

随着问题种类的不同及问题规模的扩大，要寻求到一种能以有限的代价来解决上述最优化问题的通用方法仍是一个难题。而遗传算法却为我们解决这类问题提供了一个有效的途径和通用框架，开创了一种新的全局优化搜索算法。

遗传算法中，将 n 维决策向量 $\boldsymbol{X}=\left[x_1,x_2,\cdots,x_n\right]^{\mathrm{T}}$ 用 n 个记号 $X_i(i=1,2,\cdots,n)$ 所组成的符号串 X 来表示：

$$X=X_1X_2\cdots X_n \Rightarrow \boldsymbol{X}=\left[x_1,x_2,\cdots,x_n\right]^{\mathrm{T}}$$

把每一个 X_i 看作一个遗传基因，它的所有可能取值称为等位基因，这样，X 就可看作是由 n 个遗传基因所组成的一个染色体。一般情况下，染色体的长度 n 是固定的，但对一些问题 n 也是可以变化的。根据不同的情况，这里的等位基因可以是一组整数，也可以是某一范围内的实数值，或者是纯粹的一个记号。最简单的等位基因是由 0 和 1 这两个整数组成的，相应的染色体就可表示为一个二进制符号串。这种编码所形成的排列形式 X 是个体的基因型，与它对应的 X 值是个体的表现型，通常个体的表现型和基因型是一一对应的，但有时也允许基因型和表现型是多对一的关系。染色体 X 也称为个体 X，对于每一个个体 X，要按照一定的规则确定其适应度。个体的适应度与对应的个体表现型 X 的目标函数值相关联，X 越接近于目标函数的最优点，其适应度越高；反之，其适应度越低。

遗传算法中，决策向量 $\boldsymbol{X}$ 组成了问题的解空间。对问题最优解的搜索是通过对染色体 X 的搜索过程来进行的，从而由所有的染色体 X 就组成了问题的搜索空间。

生物的进化是以集团为主体的。与此相对应，遗传算法的运算对象是由 M 个个体所组成的集合，称为群体。与生物一代一代的自然进化过程相类似，遗传算法的运算过程也是一个反复迭代的过程，第 t 代群体记作 $P(t)$，经过一代遗传和进化后，得到第 $t+1$ 代群体，它们也是由多个个体组成的集合，记作 $P(t+1)$。这个群体不断地经过遗传和进化操作，并且每次都按照优胜劣汰的规则将适应度较高的个体更多地遗传到下一代，这样最终在群体中将会得到一个优良的个体 X，它所对应的表现型 X 将达到或接近于问题的最优解 X^*。

生物的进化过程主要是通过染色体之间的交叉和染色体的变异来完成的，与此相对应，遗传算法中最优解的搜索过程也模仿生物的这个进化过程，使用所谓的遗传算子(genetic operators)作用于群体 $P(t)$ 中，进行遗传操作，从而可得到新一代群体 $P(t+1)$。

遗传算法的运算过程示意图如图 5-1 所示。由该图可以看出，使用上述 3 种遗传算子(选择算子、交叉算子、变异算子)的遗传算法的主要运算过程如下所述。

步骤一：初始化。设置进化代数计数器 $t \leftarrow 0$；设置最大进化代数 T；随机生成 M 个个体作为初始群体 $P(0)$。

步骤二：个体评价。计算群体 $P(t)$ 中各个个体的适应度。

步骤三：选择运算。将选择算子作用于群体。

步骤四：交叉运算。将交叉算子作用于群体。

步骤五：变异运算。将变异算子作用于群体。群体 $P(t)$ 经过选择、交叉、变异运算之后得到了下一代群体 $P(t+1)$。

步骤六：终止条件判断。若 $t \leqslant T$，则 $t \leftarrow t+1$，转到步骤二；若 $t>T$，则以进化过程中所得到的具有最高适应度的个体作为最优解输出，终止运算。

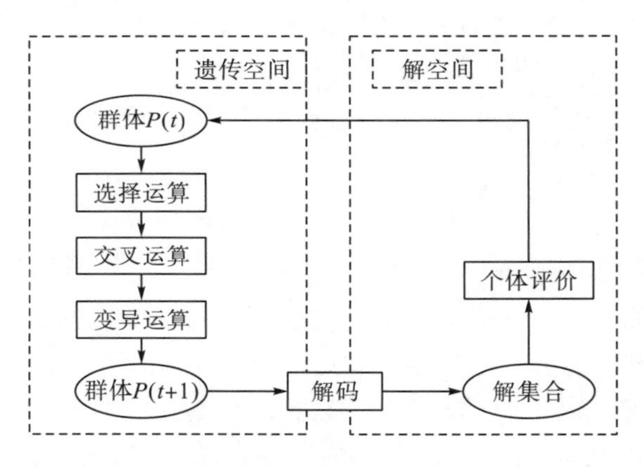

图 5-1　遗传算法的运行过程示意图

遗传算法是一类可用于复杂系统优化计算的鲁棒搜索算法。遗传算法的特点可以从它和传统的搜索方法的对比以及分析它和若干搜索方法与自律分布系统的亲近关系中充分体现出来。

1. 遗传算法和其他传统搜索方法的对比

首先将遗传算法与几个主要的传统搜索方法作一简要对比，以此来看看遗传算法的鲁棒性到底强在哪里？作为一个搜索方法，它的优越性到底体现在何处？

解析方法是常用的搜索方法之一。它通常是通过求解使目标函数梯度为零的一组非线性方程来进行搜索。一般而言，若目标函数连续可微，解的空间方程比较简单，解析法还是可以使用的。但是，若方程的变量有几十或几百个时，它就无能为力了。爬山法也是常用的搜索方法，它和解析法一样都是属于寻找局部最优解的方法。对于爬山法而言，只有在更好地解位于当前解附近的前提下，才能继续向最优解搜索。显然这种方法对于具有单峰分布性质的解空间才能进行行之有效的搜索，并得到最优解，而对于有些多峰空间，爬山法(包括解析法)连局部最优解都很难得到。

另一种典型的搜索方法是穷举法。该方法简单易行，即在一个连续有限搜索空间或离散无限搜索空间中，计算空间中每个点的目标函数值，且每次仅计算一个。显然，这种方法效率太低而鲁棒性不强。许多实际问题所对应的搜索空间都很大。不允许一点一点地慢慢求解。

随机搜索方法比起上述的搜索方法有所改进，是一种常用的方法，但它的搜索效率依然不高。一般而言，只有解在搜索空间中形成紧致分布时，它的搜索才有效。但这一条件在实际应用中难以满足。需要指出的是，我们必须把随机搜索(random search)方法和随机化技术(randomized technique)区分开来，遗传算法就是一个利用随机化技术来指导对一个被编码的参数空间进行高效搜索的方法。而另一个搜索方法——模拟退火(simulated annealing)方法也是利用随机化处理技术来指导对于最小能量状态的搜索。因此，随机化搜索技术并不意味着是无方向搜索，这一点与随机搜索有所不同。

当然，前述的几种传统的搜索方法虽然鲁棒性不强，但这些方法在一定的条件下，尤其是将它们混合使用也有效。但是，当面临更为复杂的问题时，必须采用像遗传算法这样的更好的方法。

遗传算法具有很强的鲁棒性，这是因为比起普通的优化搜索方法，它采用了许多独特的方法和技术，归纳起来，主要有以下几个方面。

(1) 遗传算法的处理对象不是参数本身，而是对参数集进行了编码的个体。此编码操作，使得遗传算法可直接对结构对象进行操作。结构对象泛指集合、序列、矩阵、树、图、链和表等各种一维或二维甚至三维结构形式的对象。这一特点，使得遗传算法具有广泛的应用领域。

①通过对连接矩阵的操作，遗传算法可用来对神经网络或自动机的结构或参数加以优化。

②通过对集合的操作，遗传算法可实现对规则集合或知识库的精炼而达到高质量的机器学习目的。

③通过对树结构的操作，遗传算法可得到用于分类的最佳决策树。

④通过对任务序列的操作，遗传算法可用于任务规划，通过对操作序列的处理，遗传算法可自动构造顺序控制系统。

(2) 如前所述，许多传统搜索方法都是单点搜索算法，即通过一些变动规则，问题的解从搜索空间中的当前解(点)移到另一解(点)。这种点对点的搜索方法，对于多峰分布的搜索空间常常会陷于局部的某个单峰的最优解。相反，遗传算法是采用同时处理群体中多个个体的方法，即同时对搜索空间中的多个解进行评估。更形象地说，遗传算法是并行地爬多个峰。这一特点使遗传算法具有较好的全局搜索性能，减少了陷于局部优解的风险。同时，这使遗传算法本身也十分易于并行化。

(3) 在标准的遗传算法中，基本上不用搜索空间的知识或其他辅助信息，而仅用适应度函数值来评估个体，并在此基础上进行遗传操作。需要着重提出的是，遗传算法的适应度函数不仅不受连续可微的约束，而且其定义域可以任意设定。遗传算法的这一特点使它的应用范围大大扩展。

(4)遗传算法不是采用确定性规则，而是采用概率的变迁规则来指导它的搜索方向。遗传算法采用概率仅仅是作为一种工具来引导其搜索过程朝着搜索空间的更优化的解区域移动。因此，虽然看起来它是一种盲目的搜索方法，但实际上有明确的搜索方向。

上述这些具有特色的技术和方法使得遗传算法使用简单，鲁棒性强，易于并行化，从而使应用范围更广。

2. 遗传算法和若干搜索方法的亲近关系

如果从更高的层次来观察遗传算法，我们不难发现它和若干搜索方法有着明显的亲近关系。分析这些关系可使我们从另一个侧面更深入地了解遗传算法的特点。

1)遗传算法和射束搜索(beam search)方法

射束搜索方法是为了抑制搜索空间计算量的组合爆炸而提出的一种最优搜索方法。该方法预先把射束幅度定义为一个长度为 N 的开放表，在搜索的进程中仅维持 N 个最优节点，其他节点一律舍去。通过搜索，若发现有新的更好的节点，则用它把开放表中最差的节点替换掉。该搜索过程和遗传算法有一定的相似性。遗传算法中的种群大小相当于射束搜索中的射束幅度。

2)遗传算法和单纯形法(simplex method)

单纯形法是一种直接搜索方法。它把目标函数值排序加以利用。这样，由多个端点形成的单路就可对应山的形状，然后进行爬山搜索。单纯方法的基本操作是反射(reflection)操作，且反复进行。这十分类似于遗传算法中的交叉操作。同时单纯形法中形成单路的端点数相当于遗传算法中的群体大小。显然，单纯形法和遗传算法在利用多点信息的全局处理上是有共同点的。

3)遗传算法和模拟退火法

模拟退火法的最大特点是搜索中可以摆脱局部解，这是传统的爬山法所不具备的。遗传算法中的选择操作是以和各个体的适应度有关的概率来进行的。因此，即使是适应度低的个体也有被选择的机会。在这一点上它同模拟退火法十分相似。显然，通过在搜索过程中动态地控制选择概率，遗传算法可以实现模拟退火中的温度控制功能。

3. 遗传算法和自律分布系统的亲近关系

所谓自律分布系统，是指众多的自主分布的个体或要素，通过个体间或个体与环境间的相互作用，在群体内形成一定的秩序，并由此实现全局目标且能灵活适应环境变化。自律分布系统应满足如下基本条件：①个体的自律性；②个体间相互作用的非确定性；③秩序的形成；④对环境变化的适应性。在遗传算法中，个体是由具有自律性的染色体来定义特征的。遗传算法中的本质操作——交叉操作具有非确定性的相互作用。遗传算法淘汰不适应环境的个体，保留或生成能很好地适应环境的个体，这种基于适应度最优的评估规范可在群体内形成秩序。同时，遗传算法通过维持群体内个体的多样性使其具有潜在的适应环境变化的能力。因此，遗传算法具备作为自律分布系统的基本条件和特征。

5.1.2　基本遗传算法描述

1. 基本遗传算法的构成要素

遗传算法是一个以适应度函数为依据，通过对种群个体施加遗传操作实现种群内个体结构重组的迭代过程。在这一过程中，种群个体一代一代地得以优化并逐渐逼近最优解。遗传算法作为一种智能搜索算法，它所依赖的基本操作是选择、交叉和变异。这使遗传算法具有其他算法没有的鲁棒性、自适应性与全局最优性等特点，其本质内涵可由模式定理、积木块假设予以解释说明。

模式定理：在遗传算法中，在选择、交叉与变异算子的作用下，具有低阶、短定义距长度以及平均适应度高于群体平均适应度的模式在子代中以指数级增长。该定理保证了较优的模式(遗传算法的较优解)的样本数呈指数级增长，从而满足了寻找最优解的必要条件，即遗传算法寻找全局最优解的可能性。

积木块假设：低阶、短定义距长度、高平均适应度的模式(积木块)在遗传操作作用下相互结合，能生成高阶、长距、高平均适应度的模式，最终生成全局最优解。该假设指出，遗传算法具备寻找全局最优解的能力。

1) 染色体编码方法

基本遗传算法使用固定长度的二进制符号串来表示群体中的个体，其等位基因由二值符号集 {0，1} 所组成。初始群体中各个个体的基因值可用均匀分布的随机数来生成。例如，X=100111001000101101 就可表示一个个体，该个体的染色体长度是 n=18。

2) 个体适应度评价

基本遗传算法按与个体适应度成正比的概率来决定当前群体中每个个体遗传到下一代群体中的机会。为正确计算这个概率，这里要求所有个体的适应度必须为正数或零。这样，根据不同种类的问题，必须预先确定好由目标函数值到个体适应度之间的转化规则，特别是要预先确定好当目标函数值为负数时的处理方法。

3) 遗传算子

选择运算使用比例选择算子；交叉运算使用单点交叉算子；变异运算使用基本位变异算子或均匀变异算子。

4) 基本遗传算法的运行参数

基本遗传算法有下述 4 个运行参数需要提前设定。

M：群体大小，即群体中所含个体的数量，一般取为 20～100。

T：遗传运算的终止进化代数，一般取为 100～500。

P_c：交叉概率，一般取为 0.4～0.99。

P_m：变异概率，一般取为 0.0001～0.1。

需要说明的是，这 4 个运行参数对遗传算法的求解结果和求解效率都有一定的影响，但目前尚无合理选择它们的理论依据。在遗传算法的实际应用中，往往需要经过多次试算后才能确定出这些参数合理的取值大小或取值范围。

2. 基本遗传算法的形式化定义

基本遗传算法可定义为一个 8 元组：

$$\mathrm{SGA} = (C, E, P_0, M, \Phi, \Gamma, \Psi, T) \tag{5-4}$$

式中，C 为个体的编码方法；E 为个体适应度评价函数；P_0 为初始种群；M 为种群大小；Φ 为选择算子；Γ 为交叉算子；Ψ 为变异算子；T 为遗传运算终止条件。

5.1.3　遗传算法的实现

根据上面对基本遗传算法构成要素的分析和算法描述，我们可以很方便地实现遗传算法。

1. 个体适应度评价

在遗传算法中，以个体适应度来确定该个体被遗传到下一代群体中的概率。个体的适应度越大，该个体被遗传到下一代的概率也越大；反之，个体的适应度越小，该个体被遗传到下一代的概率也越小。为正确计算不同情况下各个个体的遗传概率，要求所有个体的适应度必须为正数或零，不能为负数。

对于求目标函数最小化的优化问题，理论上只需要简单地对其增加一个负号就可将其转化为求目标函数最大值的优化问题，即

$$\min f(X) = \max(-f(X)) \tag{5-5}$$

当优化目标是求函数最大值，并且目标函数总取正值时，可以直接设定个体的适应度函数 $F(X)$ 就等于相应的目标函数值 $f(X)$，即

$$F(X) = f(X) \tag{5-6}$$

但实际优化问题中的目标函数值有正有负，优化目标有求函数最大值，也有求函数最小值，显然上面两式均不能保证满足所有情况下个体的适应度都是非负数的要求。为满足适应度取非负值的要求，基本遗传算法一般采用下面两种方法之一将目标函数值 $f(X)$ 变化为个体的适应度 $F(X)$。

方法一：对于求函数最大值的优化问题，变换方法为

$$F(X) = \begin{cases} f(X) + C_{\min}, & \text{if} \quad f(X) + C_{\min} > 0 \\ 0, & \text{if} \quad f(X) + C_{\min} \leqslant 0 \end{cases} \tag{5-7}$$

式中，$C_{\min}$ 为一个适当的相对比较小的数，它可用下面几种方法之一来选取：①预先指定的一个较小的数；②进化到当前代的最小目标函数值；③当前代或最近几代群体中的最小目标函数值。

方法二：对于求目标函数最小值的优化问题，变换方法为

$$F(X) = \begin{cases} C_{\max} - f(X), & C_{\max} - f(X) > 0 \\ 0, & C_{\max} - f(X) \leqslant 0 \end{cases} \tag{5-8}$$

式中，$C_{\max}$ 为一个适当的相对比较大的数，它可用下面几种方法之一来选取：①预先指定的一个较大的数；②进化到当前代的最大目标函数值；③当前代或最近几代群体中的最大目标函数值。

2. 选择算子

选择算子的作用是从当前代群体中选择出一些比较优良的个体，并将其复制到下一代群体中。最常用和最基本的选择算子是比例选择算子。所谓比例选择算子，是指个体被选中并遗传到下一代群体中的概率与该个体的适应度成正比。比例选择实际上是一种有退还随机选择，也叫赌盘选择，因为这种选择方式与赌博中的赌盘操作原理颇为相似。图 5-2 所示为一赌盘示意图。整个赌盘被分为大小不同的一些扇面，分别对应着价值各不相同的一些赌博物品。当旋转着的赌盘自然停下来时，其指针所指扇面无法预测，但指针指向各个扇面的概率却可以估计，它与各个扇面的圆心角大小成正比。圆心角越大，停在该扇面的可能性越大；圆心角越小，停在该扇面的可能性越小。与此类似，在遗传算法中，整个群体被各个个体所分割，各个个体的适应度在全部个体的适应度之和中所占比例也大小不一，这个比例值瓜分了整个赌盘盘面，它们决定了各个个体被遗传到下一代群体中的概率。比例选择算子的具体执行过程如下。

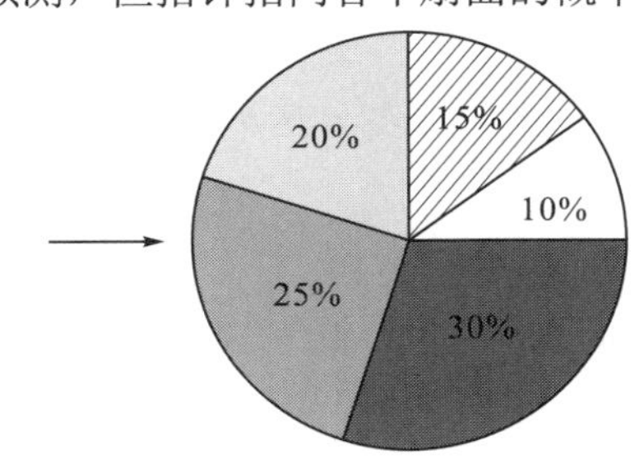

图 5-2　轮盘赌选择

首先，计算出群体中所有个体的适应度的总和。

其次，计算出每个个体的相对适应度，它即为各个个体被遗传到下一代群体中的概率，其表达式为

$$P_{is}=\frac{F_i}{\sum_{i=1}^{M}F_i}\qquad i=1,2,\cdots,M$$

式中，M 为种群大小；F_i 为个体 i 的适应度。

最后，使用模拟赌盘操作(即 0～1 之间的随机数)来确定各个个体被选中的次数。

3. 单点交叉算子

单点交叉算子是最常用和最基本的交叉操作算子。单点交叉算子的具体执行过程如下。

(1) 群体中的个体进行两两随机配对。若群体大小为 M，则共有[M/2]对相互配对的个体组。其中，[x]表示不大于 x 的最大整数。

(2) 对每一对相互配对的个体，随机设置某一基因座之后的位置为交叉点。若染色体的长度为 n，则共有 n−1 个可能的交叉点位置。

(3) 对每一对相互配对的个体，依设定的交叉概率 P_c 在其交叉点处相互交换两个个体的部分染色体，从而产生出两个新的个体。

单点交叉运算的实例如下：

父个体 1　0 1 1 1 0 0 1 1 0 1 0
父个体 2　1 0 1 0 1 1 0 0 1 0 1

如果交叉点 k=5，则交叉后生成两个子个体：

子个体 1　0 1 1 1 0 1 0 0 1 0 1
子个体 2　1 0 1 0 1 0 1 1 0 1 0

4. 基本位变异算子

基本位变异算子是最简单和最基本的变异操作算子。对于基本遗传算法中用二进制编码符号串所表示的个体，若需要进行变异操作的某一基因座上的原有基因值为0，则变异操作将该基因值变为1；反之，若原有基因值为1，则变异操作将其变为0。

基本位变异算子的具体执行过程如下。

(1)对个体的每一个基因座，依变异概率 P_m 指定其为变异点。

(2)对每一个指定的变异点，对其基因值做取反运算或用其他等位基因值来代替，从而产生出一个新的个体。

基本位变异运算示意如下：

$$\text{A: }1010\ \underset{\text{变异点}}{\underline{1}}\ 01010 \xrightarrow{\text{基本位变异}} \text{A}'\text{: }1010\ \underset{\text{变异结果}}{\underline{0}}\ 01010$$

5.1.4　遗传算法的应用步骤

遗传算法提供了一种求解复杂系统优化问题的通用框架，它不依赖于问题的领域和种类。对一个需要进行优化计算的实际应用问题，一般可按下述步骤来构造求解该问题的遗传算法。

第一步：确定决策变量及各种约束条件，即确定出个体的表现型 X 和问题的解空间。

第二步：建立优化模型，即确定出目标函数的类型(是求目标函数的最大值还是求目标函数的最小值)及其数学描述形式或量化方法。

第三步：确定表示可行解的染色体编码方法，即确定出个体的基因型 X 及遗传算法的搜索空间。

第四步：确定解码方法，即确定出由个体基因型 X 到个体表现型 X 的对应关系或转换方法。

第五步：确定个体适应度的量化评价方法，即确定出由目标函数值 $f(X)$ 到个体适应度 $F(X)$ 的转换规则。

第六步：设计遗传算子，即确定出选择运算、交叉运算、变异运算等遗传算子的具体操作方法。

第七步：确定遗传算法的有关运行参数，即确定出遗传算法的 M、T、P_c、P_m 等参数。

由上述步骤可以看出，可行解的编码方法、遗传算子的设计是构造遗传算法时需要考虑的两个主要问题，也是设计遗传算法时的两个关键步骤，对不同的优化问题需要使用不同的编码方法和不同操作的遗传算子，它们与所求解的具体问题密切相关，因而对所求问题的理解程度是遗传算法应用成功的关键。

5.2　神经网络(BP)算法[47-49]

单层感知器可实现线性可分函数，对某个具体函数来说，可以通过调整各权系数值大小来达到，具体过程是用监督学习法来实现。可以证明当输入样本来自线性可分的模式时，学习算法可在有限步内收敛，这时所得权系数能对所有样本进行正确分类，这一结论称为感知器收敛定理。也许有人会想到，如果计算单元的作用函数不用阈值函数而用其他较复杂的非线性函数，那么情况是否会好些呢？事实上，问题不在于用什么样的作用函数，只要是单层网络，不论用什么样的非线性函数其分类能力都一样，即只能解决线性可分的问题。增强分类能力的唯一出路是采用多层网络，即在输入及输出层之间加上隐层构成多层前馈网络。任何布尔函数都可用线性阈值单元组成的三层网络实现，如果隐层的作用函数采用连续函数(Sigmoid 函数)，则网络输出可以逼近一个连续函数。具体来说，设网络有 P 个输入，Q 个输出，则其作用可看作是由 P 维欧氏空间到 Q 维欧氏空间的一个非线性映射。许多人证明了这种映射可以逼近任何连续函数，含一个隐层的前馈网络是一种通用函数逼近器，为逼近一个连续函数一个隐层是足够的，但这并不意味着从网络结构、学习速度等方面来看一个隐层是最好的。

多层网络可以解决非线性可分问题这一结论早已存在，由于有隐层后学习比较困难，限制了多层网络的发展。反向传播(back propagation)算法的出现解决了这一难题，促使多层网络的研究重新得到重视。以下介绍该方法的原理和步骤。任何多层前向网络中的一部分，都可表示为有两种信号在流通：①工作信号，它是施加输入信号后向前传播直到在输出端产生实际输出的信号，是输入和权值的函数；②误差信号，网络实际输出与应有输出间的差值即为误差，它由输出端开始逐层向后传播。

下面具体推导用于多层前馈网络学习的反向传播(BP)算法。

设在第 n 次迭代中输出端的第 j 个单元的输出为 $y_j(n)$，则该单元的误差信号为

$$e_j^{(n)} = d_j(n) - y_j(n)$$

定义单元 j 的平方误差为

$$\frac{1}{2}e_j^2(n)$$

则输出端的总平方误差的瞬时值为

$$\varepsilon(n) = \frac{1}{2}\sum_{j\in c} e_j^2(n)$$

其中，c 包括所有的输出单元。

设训练集中的样本总数为 N 个，则平方误差的均值为

$$\varepsilon_{\text{avg}} = \frac{1}{N}\sum_{n=1}^{N}\varepsilon(n)$$

式中，ε_{avg} 为学习的目标函数，学习的目的应使 ε_{avg} 达最小，ε_{avg} 是网络所有权值、阈值以及输入信号的函数。

下面就逐个样本学习的情况来推导 BP 算法。设以下讨论的神经元为第 j 个单元，令单元 j 的净输入为

$$net_j(n) = v_j(n) = \sum_{i=0}^{p} w_{ji}(n)y_i(n)$$

式中，p 为加到单元 j 上的输入的个数。

则有

$$y_j(n)=\varphi_j(v_j(n))$$

求 $\varepsilon(n)$ 对 w_{ji} 的梯度：

$$\frac{\partial\varepsilon(n)}{\partial w_{ji}}=\frac{\partial\varepsilon(n)\partial e_j(n)\partial y_j(n)\partial v_j(n)}{\partial e_j(n)\partial y_j(n)\partial v_j(n)\partial w_{ji}(n)}$$

由于

$$\frac{\partial\varepsilon(n)}{\partial e_j(n)}=e_j(n)，\quad \frac{\partial e_j(n)}{\partial y_j(n)}=-1，\quad \frac{\partial y_j(n)}{\partial v_j(n)}=\varphi_j'(v_j(n))，\quad \frac{\partial v_j(n)}{\partial w_{ji}(n)}=y_j(n)$$

所以

$$\frac{\partial\varepsilon(n)}{\partial w_{ji}(n)}=-e_j(n)\varphi_j'(v_j(n))y_i(n)$$

权值 w_{ji} 的修正量为

$$\Delta w_{ji}(n)=-\eta\frac{\partial\varepsilon(n)}{\partial w_{ji}(n)}=-\eta\delta_j(n)y_i(n)$$

其中，负号表示修正量按梯度下降的方向；η 为学习步长。

$$\delta_j(n)=-\frac{\partial\varepsilon(n)\partial e_j(n)\partial y_j(n)}{\partial e_j(n)\partial y_j(n)\partial v_j(n)}=e_j(n)\varphi_j'(v_j(n))$$

称为局部梯度。下面分两种情况进行讨论。

(1) 单元 j 是一个输出单元，则有

$$\delta_j(n)=[d_j(n)-y_j(n)]\varphi_j'(v_j(n))$$

(2) 单元 j 是一个隐层单元，则有

$$\delta_j(n)=-\frac{\partial\varepsilon(n)}{\partial y_j(n)}\varphi_j'(v_j(n))$$

当 k 为输出单元时有

$$\varepsilon(n)=\frac{1}{2}\sum_{k\in c}e_k^2(n)$$

将上式对 $y_j(n)$ 求偏导，得

$$\frac{\partial\varepsilon(n)}{\partial y_j(n)}=\sum_k e_k(n)\frac{\partial e_k(n)}{\partial y_j(n)}=\sum_k e_k(n)\frac{\partial e_k(n)}{\partial v_k(n)}\frac{\partial v_k(n)}{\partial y_j(n)}$$

由于 $e_k(n)=d_k(n)-y_k(n)=d_k(n)-\varphi_k(v_k(n))$，所以

$$\frac{\partial e_k(n)}{\partial v_k(n)}=-\varphi_k'(v_k(n))$$

而

$$v_k(n)=\sum_{j=0}^{q}w_{kj}(n)y_j(n)$$

其中，q 为单元 k 的输入端的个数。该式对 $y_j(n)$ 求偏导，得

$$\frac{\partial v_k(n)}{\partial y_j(n)} = w_{kj}(n)$$

所以

$$\frac{\partial \varepsilon(n)}{\partial y_j(n)} = -\sum_k e_k(n)\varphi_k'(n)(v_k(n))w_{kj}(n) = -\sum_k \delta_k(n)w_{kj}(n)$$

于是有

$$\delta_j(n) = \varphi_j'(v_j(n))\sum_k \delta_k(n)w_{kj}(n)$$

其中，j 为隐层单元。

根据以上推导，权值 w_{ji} 的修正量可表示为

$$\Delta w_{ji} = (\eta)(\delta_j(n))(y_i(n))$$

而 $\delta_j(n)$ 的计算有两种情况：

(1) 当 j 是一个输出单元时，$\delta_j(n)$ 为 $\varphi_j'(v_j(n))$ 与误差信号 $e_j(n)$ 之积。

(2) 当 j 是一个隐层单元时，$\delta_j(n)$ 是 $\varphi_j'(v_j(n))$ 与后面一层 δ 的加权和之积。

在实际应用中，学习时要输入训练样本，每输一次全部训练样本称为一个训练周期，学习要一个周期一个周期地进行，直到目标函数达到最小值或小于某一个给定的值。

用 BP 算法训练神经网络时有两种方式：一种是每输入一个样本修改一次权值；另一种是批处理方式，即待组成一个训练周期的全部样本都依次输入后计算总的平均误差，即

$$\varepsilon_{\text{avg}} = \frac{1}{2N}\sum_{n=1}^{N}\sum_{j\in c} e_j^2(n)$$

再求

$$\Delta w_{ji} = -\eta\frac{\partial \varepsilon_{\text{avg}}}{\partial w_{ji}} = \frac{\eta}{N}\sum_{n=1}^{N} e_j(n)\frac{\partial e_j(n)}{\partial w_{ji}}$$

其中，$\dfrac{\partial e_j(n)}{\partial w_{ji}}$ 的求法与前面一样。

反向传播算法的步骤如下。

(1) 初始化。选定合理的网络结构，设置所有的可调参数为均匀分布的较小的值。

(2) 对每个输入样本做如下的计算。

①前向计算。对第 l 层的 j 单元，有

$$v_j^{(l)}(n) = \sum_{i=0}^{p} w_{ji}^{(l)}(n)\, y_i^{(l-1)}(n)$$

其中，$y_i^{(l-1)}(n)$ 为前一层 $[(l-1)\text{层}]$ 的单元 i 送来的工作信号 $[i=0\text{时}, \text{置} y_0^{(l-1)}(n)=-1, w_{j0}^{(l)}(n)=\theta_j^{(l)}(n)]$，若单元 j 的作用函数为 Sigmoid 函数，则

$$y_j^{(l)}(n) = \frac{1}{1+\exp\left(-v_j^{(l)}(n)\right)}$$

且

$$\varphi_j'\left(v_j(n)\right)=\frac{\partial y_j^{(l)}(n)}{\partial v_j(n)}=\frac{\exp\left(-v_j^{(l)}(n)\right)}{1+\exp\left(-v_j^{(l)}(n)\right)}=y_j^{(l)}(n)\left[1-y_j^{(l)}(n)\right]$$

若神经元 j 属于第一隐层（$l=1$），则有

$$y_j^{(0)}(n)=x_j(n)$$

若神经元 j 属于输出层（$l=L$），则有

$$y_j^{(L)}(n)=O_j(n)，且 e_j(n)=d_j(n)-O_j(n)$$

②反向计算 δ。

对输出单元，有

$$\delta_j^{(L)}(n)=e_j^{(L)}(n)O_j(n)\left[1-O_j(n)\right]$$

对隐层单元，有

$$\delta_j^{(l)}(n)=y_j^{(l)}(n)\left[1-y_j^{(l)}(n)\right]\sum_k \delta_k^{(l+1)}(n)w_{kj}^{(l+1)}(n)$$

③按下式修正权值：

$$w_{ji}^{(l)}(n+1)=w_{ji}^{(l)}(n)+\eta\delta_j^{(l)}(n)y_i^{(l-1)}(n)$$

(3) $n=n+1$，输入新的样本（或新一周期的样本）直到 ε_{avg} 达到预定的要求。训练时各周期中的样本的输入顺序要重新随机排序。图 5-3 是 BP 算法流程图。

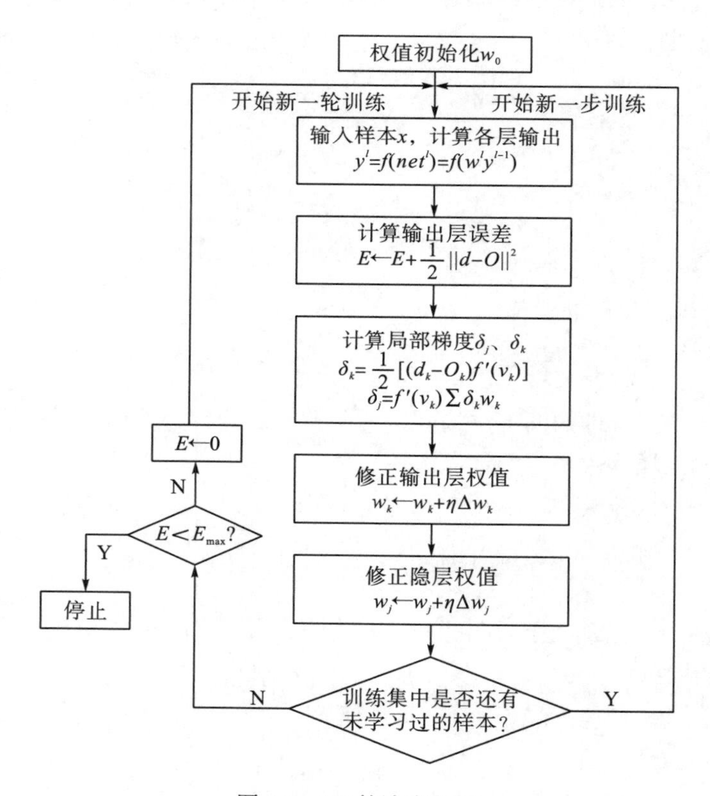

图 5-3　BP 算法流程图

由于 BP 算法是借助梯度信息来进行全局寻优，这就要求目标函数必须可微，这是该算法的一种局限性。另外，在整个 BP 学习过程中，学习步长对算法的收敛有较大的影响，学习步长大收敛速度快，但过大则可能引起不稳定；学习步长小可避免不稳定，但收敛速度慢，BP 算法收敛速度的改进措施在此从略。

5.3　自适应遗传-神经网络法[50-53]

由于 BP 算法存在训练速度慢、易陷入局部极小值和全局搜索能力低等缺点，而设计和训练神经网络需要在很大的空间内进行搜索，而且搜索空间内具有很多局部最优点，这使得传统算法求解该问题非常困难。而遗传算法适合大规模并行且能以较大的概率找到全局最优解，因此我们利用遗传算法设计和训练神经网络。用遗传算法优化神经网络，主要包括 3 个方面：连接权的进化；网络结构的进化；学习规则的进化。

自适应遗传-神经网络由编码、适应度函数、遗传操作及混合智能学习(HI)等组成。

5.3.1　编码方案

神经网络的结构如图 5-4 所示。每个神经网络结构需要表示为一个遗传算法个体染色体编码，才可以用遗传算法进行优化，这种编码称为染色体编码。

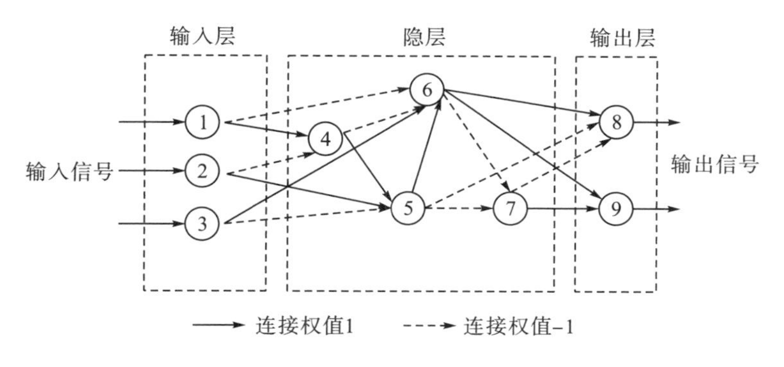

图 5-4　神经网络结构示意图

设神经网络有 N 个神经元，序号是从 1 到 N 排列的输入层、隐层、输出层结点。设计一个 $N×N$ 矩阵，表示其互连结构。如表 5-1 所示，在矩阵中(I，j)的元素表示从第 i 个神经元到第 j 个神经元的连接关系，“0”表示没有连接，“±1”表示其连接权值为±1，“x”表示没有关联。因此图 5-4 所示的结构表示为与表 5-1 等价的矩阵形式。设神经网络有 N_{input}、N_{hidden}、N_{output} 个神经元，总数为 $N=N_{\text{input}}+N_{\text{hidden}}+N_{\text{output}}$，由于“*”不包含在优化变量中，所以该问题的搜索空间为 $N_{\text{state}}=3^{N_x(N_{\text{hidden}}+N_{\text{output}})}$。

表 5-1　神经网络中神经元连接关系表

to	*from*								
	1	2	3	4	5	6	7	8	9
1	*x*	*x*	*x*	*x*	*x*	*x*	*x*	*x*	*x*
2	*x*	*x*	*x*	*x*	*x*	*x*	*x*	*x*	*x*
3	*x*	*x*	*x*	*x*	*x*	*x*	*x*	*x*	*x*
4	1	−1	0	*x*	*x*	*x*	*x*	*x*	*x*
5	0	1	−1	1	*x*	*x*	*x*	*x*	*x*
6	−1	0	1	−1	1	*x*	*x*	*x*	*x*
7	0	0	0	0	1	−1	*x*	*x*	*x*
8	0	0	0	0	−1	1	−1	*x*	*x*
9	0	0	0	0	0	1	1	*x*	*x*

由表 5-1 所示的神经元连接关系，可以将该神经网络对应的遗传编码表示为 0、1、−1 组成的数字串形式，将元素(4,1)到元素(9,7)自左到右、自上而下顺序连接起来，组成如下的染色体编码：

1−10¦01−11¦−101−11¦00001−1¦0000−11−1¦0000011

5.3.2　适应度的定义

对于神经网络个体适应度的定义，设神经网络输入 n_{total} 次信号，神经网络输出 n_{correct} 次正确解，则适应度函数可以用以下形式表示：

$$f = \frac{n_{\text{correct}}}{n_{\text{total}}}$$

适应度函数值在[0, 1]区间内，越接近于1的个体，其输出信号正确率越高。

5.3.3　遗传操作

图 5-5 所示为生成子代种群的一种方法。首先将当代种群的个体按适应度由高到低进行排序，然后选择一定比例的下位个体淘汰掉，淘汰比例一般为40%。在上位个体中实行均匀交叉，生成的子个体填补到种群中，以保持种群规模不变。最后，实行变异操作(变异概率为 0.01)，在变异操作中，采用高斯变异法，即产生一个符合正态分布的随机数 Q 去扰动每个变异位的基因值，生成子代种群。

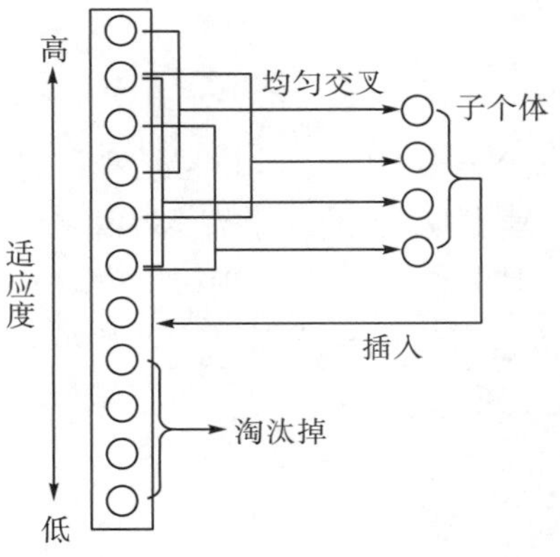

图 5-5　子代个体生成方法

根据上述编码方法、适应度定义以及遗传操作的设定，我们以描述异或问题的神经网络结构的优化设计为例，进行了模拟试算。设定网络有 2 个输入节点和 1 个输出节点，选取 6 个隐节点（一般为 5～10 个），则异或问题的输入输出信号对为

$$(0,0)\to 0$$
$$(0,1)\to 1$$
$$(1,0)\to 1$$
$$(1,1)\to 0$$

遗传算法只需要 25 代左右就可以获得最高适应度的个体，由最优个体解码后获得最佳神经网络结构和连接权值。

值得注意的是，遗传优化神经网络结构所涉及的首要问题是如何将网络结构映射到一个染色体编码形式，上例中的编码方式可以归为直接编码方式的一种，当处理大规模神经网络结构设计时，存在染色体长度过长的问题。1990 年，H.Kitano 提出一种矩阵语法生成编码方法，用类似于 L-System 分形结构的图生长规则构造表示网络结构的连接矩阵，而将一些简单的网络生长语法规则编码于染色体中，通过生成规则的进化修改，最后生成满足问题要求的网络结构。生成规则的形式如下：

$$S\to\begin{bmatrix}A & B\\ C & D\end{bmatrix}$$

规则的前部为一符号，后部为一 2×2 矩阵，其中每个元素属于符号集$\{A,B,\cdots,Z,a,b,\cdots,p,0,1\}$。一个网络结构编码由变量部分和常量部分组成。编码中 S 表示第一条规则的开始，大写字母 A，B，C，D，…，Z 表示变量，小写字母 a，b，…，p 为 16 个常量，每个常量也表示为一条规则。例如：

$$a\to\begin{bmatrix}0 & 0\\ 0 & 0\end{bmatrix},\quad b\to\begin{bmatrix}0 & 0\\ 0 & 1\end{bmatrix},\quad c\to\begin{bmatrix}1 & 0\\ 0 & 1\end{bmatrix},\quad e\to\begin{bmatrix}0 & 1\\ 0 & 1\end{bmatrix}$$

若编码中含有数字 0 和 1，则将它们表示为如下形式：

$$0\to\begin{bmatrix}0 & 0\\ 0 & 0\end{bmatrix},\quad 1\to\begin{bmatrix}1 & 1\\ 1 & 1\end{bmatrix}$$

1992 年 F.Gruau 提出了另一种相似的方法，称为细胞编码（cellular encoding），用遗传程序设计中的树结构描述神经网络结构和权值。有人将这种基于图文法的遗传算法与线性串结构描述的遗传算法区分开来，统称为图文遗传算法（genetic algorithms based graph grammar）。这种图文编码方法有 3 个优点。

(1) 属于变长度编码方法，相对而言受问题大小的影响小。

(2) 仅产生合法的神经网络结构，从而避免了大量无效神经网络参与进化的过程，加快了进化学习过程。

(3) 这种方法直接、简单，易于理解。

但基于二进制编码的模式定理不能简单地推广到基于图文法的遗传算法，因此这方面的理论研究将很有意义。

人工神经网络（artificial neural networks）系统的工作过程主要分为两个阶段：第一阶段是学习期，此时各计算单元状态不变，各连线上的权值通过学习来修改；第二阶段是工作

期，此时连接权固定，计算单元状态变化，以达到某种稳定状态。

从作用效果看，前馈网络主要是函数映射，可用于模式识别和函数逼近。按对能量函数的所有极小点的利用情况，可将反馈网络分为两类：一类是能量函数的所有极小点都起作用，主要用作各种联想存储器；另一类只利用全局极小点，它主要用于求解优化问题。

5.3.4　自适应因子

遗传算法的参数中交叉概率P_c和变异概率P_m的选择是影响遗传算法行为和性能的关键，直接影响算法的收敛性，P_c越大，新个体产生的速度就越快，然而，P_c过大时遗传模式被破坏的可能性也越大，使得具有高适应度的个体结构很快就会被破坏，但如果P_c过小，则会使搜索过程缓慢，以致停滞不前。对于变异概率P_m，如果P_m过小，则不易产生新的个体结构；如果P_m取值过大，则遗传算法就变成了纯粹的随机搜索算法。针对不同的优化问题，需要反复实验来确定P_c和P_m，这是一个烦琐的工作，而且很难找到适合每个问题的最佳值。Srinvivas等提出了一种自适应遗传算法，P_c和P_m能够随适应度的改变而自动改变。当种群各个体适应度趋于一致或趋于局部最优时，使P_c和P_m增大，而当群体适应度比较分散时，使P_c和P_m减小。同时，对于适应度高于群体平均适应度的个体，对应于较低的P_c和P_m，使该解得以保护进入下一代；而低于平均适应度的个体，相对应于较高的P_c和P_m，使该解被淘汰掉。因此，自适应的P_c和P_m能够提供相对于某个解的最佳P_c和P_m。自适应遗传算法在保持群体多样性的同时，保证了遗传算法的收敛性。

在自适应遗传算法中，P_c和P_m按如下公式进行自适应调整：

$$P_c=\begin{cases} P_{c1}-\dfrac{(P_{c1}-P_{c2})(f'-f_{\text{avg}})}{f_{\max}-f_{\text{avg}}}, & f'\geqslant f_{\text{avg}} \\ P_{c1}, & f'<f_{\text{avg}} \end{cases}$$

$$P_m=\begin{cases} P_{m1}-\dfrac{(P_{m1}-P_{m2})(f_{\max}-f)}{f_{\max}-f_{\text{avg}}}, & f\geqslant f_{\text{avg}} \\ P_{m1}, & f<f_{\text{avg}} \end{cases}$$

式中，$f_{\max}$为群体最高适应度值；f_{avg}为每代群体的平均适应度值；f'为要交叉的两个个体中较高的适应度值；f为要变异个体的适应度值。

例如，P_{c1}、P_{c2}和P_{m1}、P_{m2}可根据要求给定，P_{c1}=0.9，P_{c2}=0.6，P_{m1}=0.1，P_{m2}=0.001。

5.3.5　混合智能学习方法

混合智能学习方法是将BP算法和自适应遗传算法有机地结合而构成的，即可利用自适应遗传算法的杂交、变异算子在全变量空间搜索全局解的特点及BP算法能在解点附近快速而精确地收敛的特点。混合智能学习算法流程图如图5-6所示。

由图5-6可知，混合智能学习算法是将BP算法作为一个算子嵌入自适应遗传算法中，并以BP算子的概率P_{BP}的方式进行BP算法搜索运算，这样就把遗传算法与BP算法有机地结合在一起，兼具两者的优点，从而快速而精确地找到全局最优点，获得最优解。

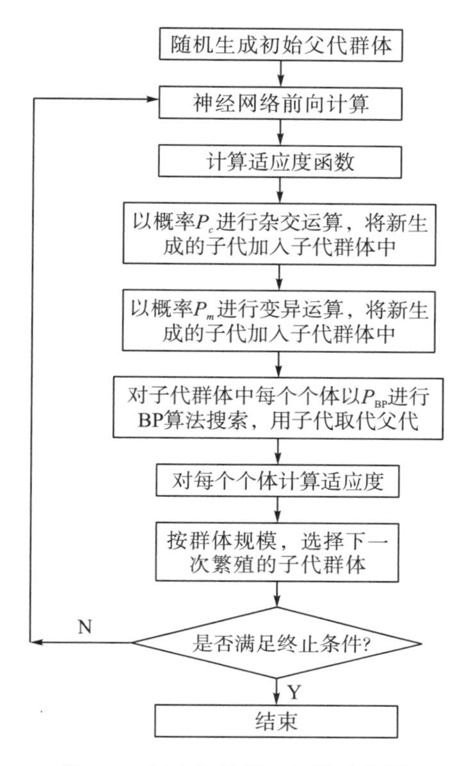

图 5-6　混合智能学习算法流程图

5.4　储层地震非线性反演实现技术

遗传算法是一种以生物进化规律为背景提出的优化算法，通过对目标问题进行编码，该编码称为染色体，然后对染色体进行选择、交叉、变异等遗传操作，使染色体不断进化，并加入禁忌搜索从而求得最优值。它克服了 BP 神经网络陷入局部最优的问题，并可以以很快的速度到达全局最优解附近。将 BP 算法和遗传算法相结合可以很好地解决这个问题。在学习时，用遗传算法的同时，以一定的概率进行 BP 算法操作可以达到很好的效果，并且概率自适应变化，以达到混合算法的均衡[54-63]。

将遗传算法和 BP 算法混合时，让两种算法自始至终进行，而且两种算法按一定的概率比例进行。例如，在遗传算法执行时，BP 算法依概率执行，这是对传统的混合方法的改进，如图 5-7 所示(图中 TS 为禁忌搜索算法)。

在实际反演中，首先由井点出发，构造测井数据与井旁地震数据的非线性映射关系，形成样本数据，将样本数据读入网络进行训练，并在反演进程中，不断更新非线性映射关系，同时，考虑相邻道的相似性，自动完成整个剖面的反演，以实现地震高分辨率优化非线性反演，获得高分辨率反演剖面。根据不同种类的测井资料，可获得不同的地震参数剖面(波阻抗剖面、速度剖面及密度剖面等)。

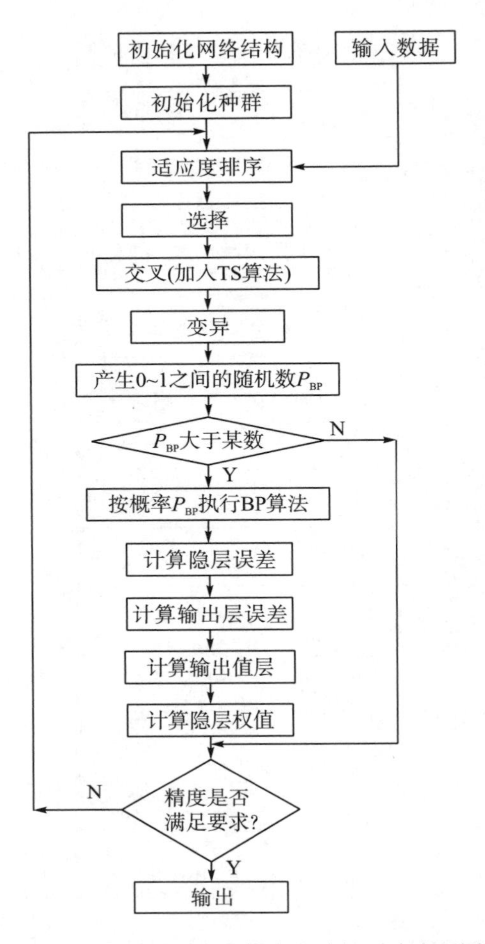

图 5-7　储层地震高分辨率非线性反演流程图

5.5　储层地震非线性反演剖面特征分析

采用本章所形成的反演方法与技术，对某碳酸盐岩地区的地震剖面进行了反演，以深入研究该地区的薄的孔缝型储层(嘉陵江组嘉二 ^{1}—嘉一)。某地区的地震剖面、反演的速度曲线与测井声波速度曲线的对比和速度剖面如图 5-8 所示。由图 5-8(b)可以看出，反演所得到的速度曲线的形态和变化趋势均可与测井声波速度曲线相对比。图 5-8(c)是应用地震高分辨率非线性反演方法所得到的速度剖面，该剖面具有分辨率高的特征，清晰地反映了嘉陵江组储层在纵横方向上的变化特征，有效且可靠地划分出薄储层，提高了储层的预测效果和研究详细程度。1 井证实，在嘉二 ^{1} 储层中日产气 $14.31 \times 10^4 m^3$。

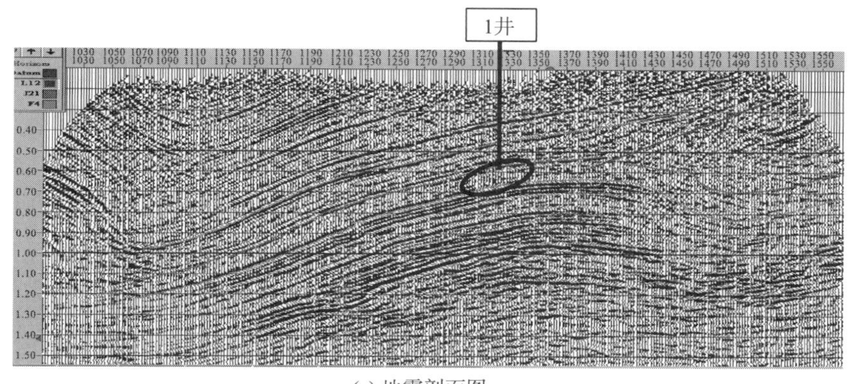

(a) 地震剖面图

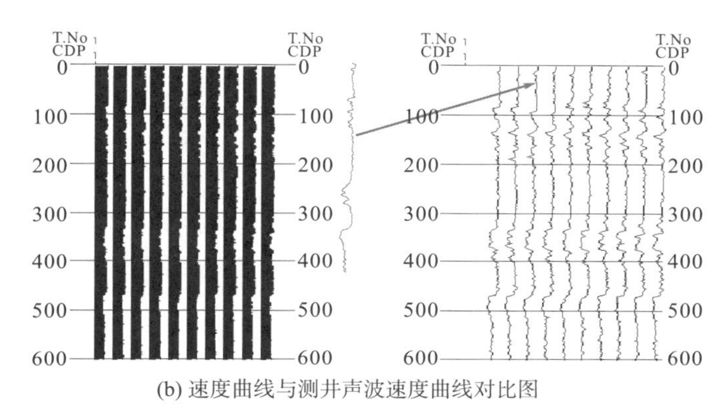

(b) 速度曲线与测井声波速度曲线对比图

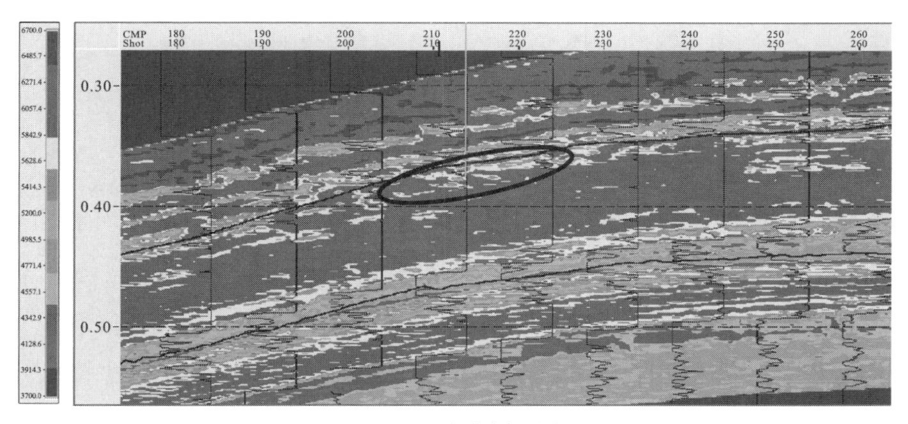

(c) 速度剖面图

图 5-8　某地区的地震剖面图、反演所得到的速度曲线与测井声波速度曲线对比图以及速度剖面图(后附彩图)

5.6　本 章 小 结

(1) 本章介绍了基于 GA-BP 理论及集遗传算法和人工神经网络技术的优势于一体的地震高分辨率非线性反演方法。

(2) 将 GA 算法与 BP 算法混合，形成新的 GA-BP 混合算法或带禁忌搜索的 GA-BP

混合算法，并将 BP 算法嵌入 GA 算法内部作为一个算子，以概率 P_{BP} 的方式进行搜索运算，且概率自适应地变化，自适应地调整反演系统向稳定收敛的方向演化，从而快速且精确地找到全局最优解。

(3) 本章中提出的地震高分辨率非线性反演中的非线性映射技术是由井点处建立非线性映射关系和反演过程中根据地下介质在纵横向上的变化特征自适应地更新非线性映射关系组成的，它是成功实现反演的关键技术。

(4) 应用所研制的反演软件系统地进行了大量实际地震数据反演处理，证明地震高分辨率非线性反演具有突出优点，且获得的地震反演剖面具有分辨率高的特点，这种反演剖面清晰且详细地反映出储层在纵横方向上的变化特征。因而，这种地震反演方法与其他反演方法相比较，属于高水平的反演方法。

第 6 章　储层地震非线性综合预测与评价方法技术

图 6-1 是储层地震综合预测系统图。它包括地震数据输入、地震参数提取、参数分析以及储层综合预测与油气检测。图 6-1 中，储层非线性综合预测是基于 GA-ANFIS 的储层地震综合预测技术。

在石油地质勘探领域中，对储层进行横向预测及含油气评价的主要手段是依靠地震信息。然而在我们所需的地震参数与我们所拥有的地震信息之间，并非都存在明确的一一对应关系，因而很难用精确的算法来描述。由于人工神经网络在模式识别方面具有较强的非线性映射能力和容错性能，故应用神经网络技术有望建立地质参数与地震信息之间的联系。

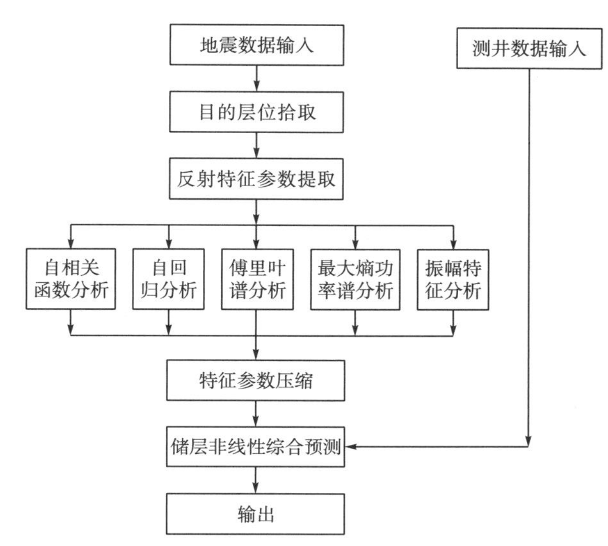

图 6-1　储层地震综合识别系统图

复杂的实际问题需要智能系统对各种不同来源的知识、技术和方法进行组合。人们期望这些智能系统在特定的领域拥有像人类一样的专门知识，在变化的环境中能够自动调节而学习得更好，并对怎样作出决策和行动进行解释。在解决实际计算问题时，协同地而不是互斥地采用几种计算技术通常具有优越性，所产生的系统被称为互补的混合智能系统。设计这类智能系统的精髓就是神经模糊计算，其中神经元网络负责识别模式和按变化的环境进行自适应调节，模糊推理系统对人类知识进行推理和决策[32, 54]。

神经模糊系统具有神经网络与模糊系统共同的优点，其工作特性如下。

(1) 人类的专门知识：以模糊 if-then 规则形式及传统的知识表示形式来使用人类的专门知识，解决实际问题。

(2) 受感于生物的计算模型：受生物神经网络的激励，使用人工神经网络来处理有关感知、模式识别、非线性回归与分类的问题。

(3) 新的优化技术：可以利用目前新颖的最优化方法，包括遗传算法、模拟退火、随机搜索方法以及下山单纯形法来更新网络权系数，这些优化方法不需要目标函数的梯度向量，因此在解决复杂优化问题时有更大的灵活性。

(4) 数值计算：与传统的人工智能不同，神经模糊系统目前主要通过数值计算来进行信息处理。如何在这一领域引入符号技术将是一个活跃的研究方向。

(5) 新的应用领域：由于其数值计算，神经模糊系统具有比传统的人工智能方法更广阔的新的应用领域。这些应用领域大多需要强化计算，包括自适应信号处理、自适应控制、非线性系统辨识、非线性回归和模式识别。

(6) 无模型学习：神经模糊系统能够只利用目标系统的采样数据来创建模型，虽然对目标系统背景知识的深入了解有助于建立初始的模型结构，但是这并不是必不可少的，它主要是通过大量的快速运算从数据集中寻找规则或规律。

(7) 容错性：神经网络和模糊推理系统都有好的容错性能。从神经网络中删除一个神经元，或从模糊推理系统中去掉一条规则，并不会破坏整个系统。相反，由于具有并行和冗余的结构，系统可以继续工作，尽管性能会有所下降。

(8) 目标驱动特性：神经模糊系统是目标驱动的，即只要从长远看，我们是在向目标移动，至于从当前状态到最终解走的是一条什么路径则无关紧要。这一点对于遗传算法、模拟退火和随机搜索方法等非导数优化方法都成立。特定的领域知识有助于降低计算量和搜索时间，但并不是必需的。

模糊逻辑和神经网络的发展使得近十年以来智能控制取得了十分重要的进展；模糊逻辑和神经网络又是两个截然不同的领域，它们的基础理论相差较远，但是它们都是智能的仿真方法。从客观实践和理论的融合上讲是完全可以令它们结合的。把模糊逻辑和神经网络相结合就产生了一种新的技术领域——模糊神经网络。模糊神经网络是正在不断探讨和研究的一个新领域。

模糊神经网络是一种新型的神经网络，它是在网络中引入模糊算法或模糊权系数的神经网络。模糊神经网络的特点在于把模糊逻辑方法和神经网络方法结合在一起。模糊神经网络无论是作为逼近器，还是作为模式存储器，都需要学习和优化权系数。学习算法是模糊神经网络优化权系数的关键，可采用基于误差的学习算法，即监督学习算法、模糊 BP 算法、遗传算法等。模糊神经网络可用于模糊回归、模糊控制器、模糊专家系统、模糊谱系分析、模糊矩阵方程、通用逼近器。

1974 年，S.C. Lee 和 E.T. Lee 在 *Journal of Cybernetics* 期刊上发表了“Fuzzy sets and neural networks”一文，首次把模糊集和神经网络联系在一起；1975 年，他们又在 *Mathematical Biosciences* 期刊上发表了“Fuzzy neural networks”一文，明确地对模糊神经网络进行了研究。

自适应神经模糊推理系统(adaptive neural fuzzy inference system，ANFIS)是神经模糊推理系统的一种具体表现形式，是一类功能上与模糊推理系统等价的自适应网络，于 1993 年由 J.S.R.Jang 等首先提出。ANFIS 已经是最成熟的一种神经模糊结构之一，目前在许多方面都已经有了成功的应用，如函数拟合、控制系统在线辨识、时间序列预测、系统控制、模式识别、自适应噪声消除等。

我们知道，在某些辅助条件下，一个 RBFN(径向基函数网络)在功能上等价于一个 FIS(模糊推理系统)，从而等价于自适应 FIS，包括 ANFIS。其功能的等价性提供了一条更好的在这种意义上理解这两种网络的捷径。

自适应 FIS 通常由明显的可更改的两部分组成：前提部分和结论部分。可以用不同的优化方法分别自适应地调节这两部分。例如，可以用一种由 GD(梯度下降)和 LSE(最小二乘估计)相结合的混合学习算法，当然也可以用这种方法来训练 RBFN 的节点参数。反过来，RBFN 的分析和学习算法也适用于自适应 FIS。对接收区函数的形状和中心进行有监督的调节，可以进一步提高 RBFN 的逼近性能。

6.1　储层地震属性参数提取技术

我们把与地震反射记录有关的参数称为地震波场参数，它包括五大类参数：①自相关函数类参数，包括主极值振幅[ACF(0)]、极小值振幅[ACF(min)]、主极值面积($ACFS_1$)、旁极值面积($ACFS_{234}$)、主极值半周期宽度(θ)等；②傅氏谱分析类参数，包括振幅谱主频率(F_m)、振幅谱极大值[$A(F_m)$]、平均中心频谱(F_{avg})、频带宽度(F_b)、频谱一阶矩(M_1)和二阶矩(M_2)等；③最大熵功率谱分析类参数，包括加权功率谱平均频率($\bar{f}$)、占指定百分比 A%的加权功率谱平均频率(f_p)、在某一频带的信号能量(E)及功率谱二阶矩频率(f_2)等；④振幅类参数，包括均方根振幅、振幅比及波峰、波谷振幅差；⑤自回归分析类参数，包括自回归参数($a_1,a_2,\cdots,a_5$)。

图 6-2 给出了上述五大类 35 个特征参数。为了计算这五大类参数，首先对地震剖面进行层位的标定，选取一个合适的时窗长度对时窗内的记录段计算各种地震特征参数，构成储集层预测中的特征参数空间。这些参数不同程度地反映了储集层的有效性和含油气性，为油气综合预测提供了前提条件。

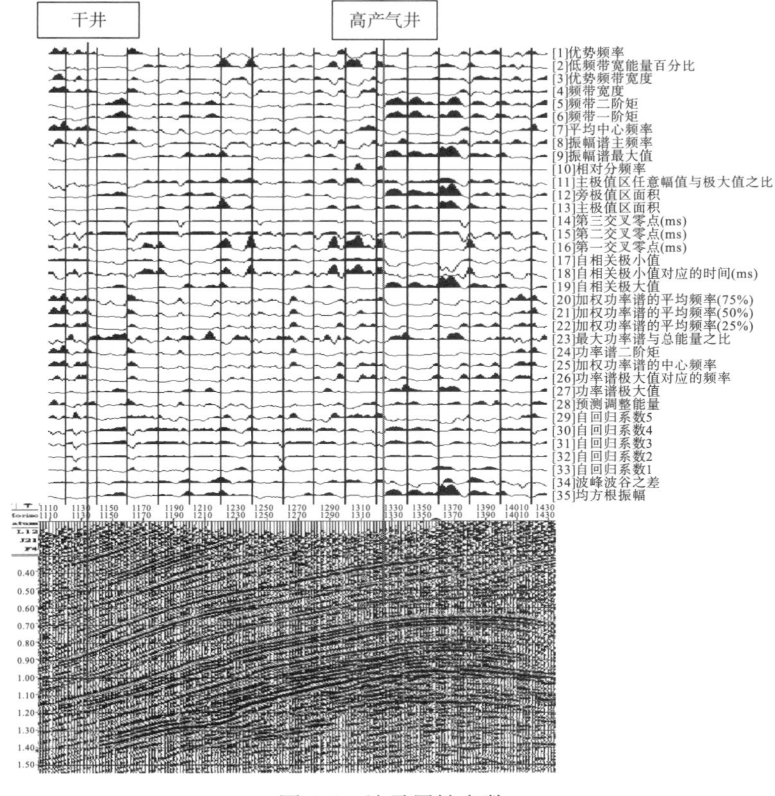

图 6-2　地震属性参数

6.2　储层地震属性参数优化处理与分析

在油气储层综合识别中，用所提取的几十种特征参数进行直接预测显然不可行，因为参数中有些是相关的，有些存在信息冗余。因而在油气预测之前要先降低样本特征参数的维数，即对第 i 道提取的参数向量为

$$\boldsymbol{x}_i=(x_{1i},x_{2i},\cdots,x_{Mi})^{\mathrm{T}}$$

通过一种信息压缩技术，使 $\boldsymbol{x}_i$ 经处理后又可用长度为 $K(K<M)$ 的新特征 $\boldsymbol{y}_i=(y_{1i},y_{2i},\cdots,y_{Ki})^{\mathrm{T}}$ 来表示。

特征压缩的最简单的办法是特征选择，即在 M 个特征参数中选取 K 个特征组成新的特征向量。这种做法需要掌握详尽的地质、测井等资料，并了解各种参数的适用范围，直接删除那些在该地区效果不好的参数，然而这样选择特征参数工作量太大，做法也比较粗糙。一般来说，M 个特征均来自反映被处理对象的某种特征，简单删除不能全面刻画原对象。一种自然的想法是对原特征向量做一些变换，该变换应具有以下性质。

(1) 保熵性。通过变换后不丢失信息。

(2) 保能量性。当某个离散空间域能量全部转移到另一有限离散域后，其能量不变。

(3) 去相关性。使高度相关的空间样本特征参数值变为相关性很弱的变换系数，这种变换能使相关的空间域变为不相关的空间域，这样使存在于相关性中的多余信息得以消除。

(4) 能量重新分配和集中。在变换域中，能量高度集中在少数几个变换系数上，这样可舍弃一些能量较小的变换系数而达到减少特征维数的目的。

这种变换可以通过正交变换来实现，Karhune-Loeve 变换（简称 K-L 变换）是其中一种，而且在均方误差准则下，K-L 变换是最优正交变换。

取一段地震剖面反射特征参数，各道特征参数用 x_{ik} 表示，其中下角标 $i=1,2,3,\cdots,M$ 为特征参数序号，$k=1,2,3,\cdots,N$ 为剖面段道序号。计算特征参数的协方差矩阵，矩阵元素为

$$\theta_{ij}=\frac{1}{N}\sum_{k=1}^{N}(x_{ik}-\overline{x}_i)(x_{jk}-\overline{x}_j) \tag{6-1}$$

式中，$i,j=1,2,\cdots,M$；$\overline{x}_i=\frac{1}{N}\sum_{k=1}^{N}x_{ik}$，为特征参数对各道的平均值。

协方差矩阵为

$$\boldsymbol{Q}=\begin{bmatrix}\theta_{11} & \theta_{12} & \theta_{13} & \cdots & \theta_{1M}\\ \theta_{21} & \theta_{22} & \theta_{23} & \cdots & \theta_{2M}\\ \vdots & \vdots & \vdots & & \vdots\\ \theta_{M1} & \theta_{M2} & \theta_{M3} & \cdots & \theta_{MM}\end{bmatrix} \tag{6-2}$$

该协方差矩阵是一个正定实对称矩阵，求解它的本征方程可以得到 M 个本征向量和 M 个本征值，不同本征值对应的本征向量相互正交，地震特征参数按正交向量分解，用本征向量的线性组合作为特征参数数据的估计值，可以得到：

$$x_{ik}=\sum_{m=1}^{M}a_{mk}\boldsymbol{Z}_{mi} \tag{6-3}$$

式中，$\boldsymbol{Z}_{mi}$ 为相应本征值 λ_m 的本征向量值；a_{mk} 为一待定系数，可利用本征向量的正交性求出。

对上式两边各乘以本征向量 $\boldsymbol{Z}_{ni}$，再对 i 求和，得到：

$$\sum_{i=1}^{M}x_{ik}\boldsymbol{Z}_{ni}=\sum_{i=1}^{M}\left(\sum_{m=1}^{M}a_{mk}\boldsymbol{Z}_{mi}\right)\boldsymbol{Z}_{ni}=\sum_{m=1}^{M}a_{mk}\sum_{i=1}^{M}\boldsymbol{Z}_{mi}\boldsymbol{Z}_{ni} \tag{6-4}$$

$$\begin{cases}\sum\limits_{i=1}^{M}\boldsymbol{Z}_{mi}\boldsymbol{Z}_{ni}=0, & m\neq n\\ \sum\limits_{i=1}^{M}\boldsymbol{Z}_{mi}\boldsymbol{Z}_{ni}=1, & m=n\end{cases} \tag{6-5}$$

化简式(6-4)得

$$\sum_{i=1}^{M}x_{ik}\boldsymbol{Z}_{ni}=a_{nk} \tag{6-6}$$

由此可见，系数 a_{nk} 是特征参数 x_{ik} 与本征向量 $\boldsymbol{Z}_{ni}$ 的相关系数，即

$$a_{mk}=\sum_{i=1}^{M}x_{ik}\boldsymbol{Z}_{mi} \tag{6-7}$$

在特征参数正交分解中，每个正交向量对方差的贡献与它们对应的本征值 λ 成比例，若本征值 λ 按值由大到小排列，则取前 K（$K<M$）个本征值对应的本征向量构成方差的大部分；若本征值按大小顺序为 λ_m，$m=1,2,3,\cdots,M$，则与之相应的本征向量值为 $\boldsymbol{Z}_{mi}$。其中 i 为向量中各元素序号，取前 K 个本征向量构成特征参数估计值 $\tilde{x}_{ik}$。

$$\tilde{x}_{ik}=\sum_{m=1}^{K}a_{mk}\boldsymbol{Z}_{mi}\quad(i=1,2,\cdots,K;\ k=1,2,3,\cdots j,N)$$

这样就达到了特征压缩的目的。

6.3　模糊神经网络[32, 54]

6.3.1　ANFIS 网络结构

为简单起见，我们假定所考虑的模糊推理系统有两个输入 x 和 y，单输出 z。对于一阶 Sugeno 模糊模型(即认为在某个输入范围内，输出是输入的线性函数)，具有两条模糊 if-then 规则的普通规则集如下。

规则 1：如果 x 是 A_1 并且 y 是 B_1，那么 $f_1=p_1x+q_1y+r_1$。

规则 2：如果 x 是 A_2 并且 y 是 B_2，那么 $f_2=p_2x+q_2y+r_2$。

图 6-3(a)解释了这种 Sugeno 模型的推理机制；该模型等效的 ANFIS 结构如图 6-3(b)所示。第一层为输入层；第二层为模糊化层，这一层的每个节点 i 都是一个有节点函数的自适应节点。

$$O_{2,i}=\mu_{A_i}(x),\ \ i=1,2\ 或\ O_{2,i}=\mu_{B_{i-2}}(y),\ \ i=3,4$$

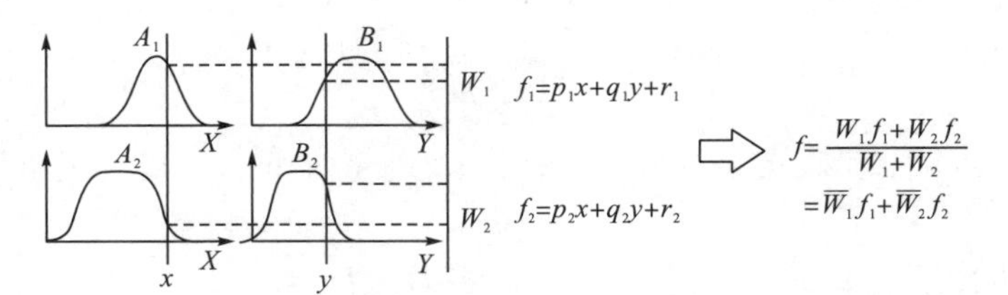

(a) 两输入一阶Sugeno模糊模型

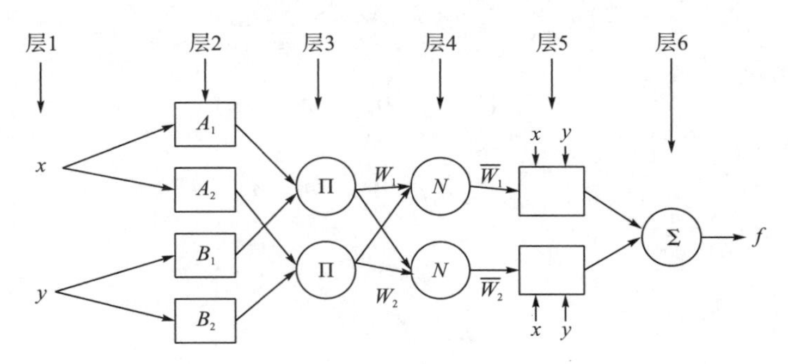

(b) 等效的ANFIS结构

图 6-3　具有两条规则的两输入一阶 Sugeno 模糊模型与等效的 ANFIS 结构

隶属函数(MF)可以是高斯函数或钟形函数等，如果为高斯函数，则有

$$\mu_{A_i}(x)=\mathrm{e}^{-\frac{1}{2}\left(\frac{x-c}{\sigma}\right)^2}$$

它有两个可调参数，MF 的中心 c 和 MF 的宽度 σ 。这一层的可调参数称为前提参数。

第三层为规则层，它可以取任意的模糊 T 范式函数，输出通常取所有输入信号的乘积：

$$O_{3,i}=w_i=\mu_{A_i}(x)\mu_{Bi}(y)$$

第四层为归一化层，第 i 个节点计算第 i 条规则的激励强度与所有规则的激励强度之和的比值。

$$O_{4,i}=\overline{w}_i=\frac{w_i}{\sum_i w_i},\ \ i=1,2$$

第五层为去模糊化层，这一层的每个节点 i 是一个有节点函数的自适应节点，本层的参数称为结论参数。

$$O_{5,i}=\overline{w}_i f_i=\overline{w}_i(p_i x+q_i y+r_i)$$

第六层为输出层，它计算所有传来信号的和作为总输出：

$$总输出=O_6=\sum_i \overline{w}_i f_i$$

这样就建立了一个功能上与 Sugeno 模糊模型等价的自适应网络。

6.3.2　ANFIS 的学习算法

由于 ANFIS 是神经网络与模糊推理的一个混合系统，它的结构完全满足神经网络结构的特点，因此几乎可以使用所有的神经网络的学习算法。基于梯度的优化技术是按照目标函数的导数信息来确定搜索方向，其中最陡下降法和牛顿法是许多基于梯度算法的基础。许多辅助算法都可以看作是最陡下降法和牛顿法之间的折中形式。目前，基于最陡下降法和共轭梯度法与误差反传过程相结合的算法是用于神经元网络学习的主要算法。其中，BP 算法及其变形是神经网络最成熟、使用最多的算法。因此在 ANFIS 系统的学习算法中也包含了 BP 算法，介绍 BP 算法的资料很多，这里不再赘述。

由于 ANFIS 系统的特点，ANFIS 主要使用基于梯度下降与最小二乘相结合的混合学习算法，即 GD＋LSE 混合学习算法。观察图 6-3(b)的 ANFIS 结构图，可以得到当固定前提参数的值时，系统总的输出可以用结论参数的线性组合来表示。图 6-3(b)中的输出 f 可以表示为

$$
\begin{aligned}
f &= \frac{w_1}{w_1+w_2}f_1+\frac{w_2}{w_1+w_2}f_2 \\
&= \bar{w}_1(p_1x+q_1y+r_1)+\bar{w}_2(p_2x+q_2y+r_2) \\
&= (\bar{w}_1x)p_1+(\bar{w}_1y)q_1+(\bar{w}_1)r_1+(\bar{w}_2x)p_2+(\bar{w}_2y)q_2+(\bar{w}_2)r_2
\end{aligned}
$$

它是结论参数 p_1、q_1、r_1、p_2、q_2 和 r_2 的线性函数。因此可以用最小二乘法对这些参数进行优化。

如果用最小二乘估计式来优化 ANFIS 网络中的线性参数，用梯度下降法来更新 ANFIS 中的非线性参数，则可以得到 ANFIS 参数的一种混合学习算法，叫作梯度下降-最小二乘(GD＋LSE)混合学习算法。这种混合算法最大的优点就是可以大大加快网络的学习速度。因为对于采用误差反传或最陡下降法这种简单的参数优化方法来辨识自适应网络中的参数在其收敛之前通常要花很长的时间。

由于 ANFIS 网络中的结论参数为线性参数，前提参数为非线性参数，我们在调整 ANFIS 网络参数时分两步来进行，分别用 LSE 来优化结论参数，用 GD 来优化前提参数。具体方法是，把混合学习算法分为前向通道和后向通道，在前向通道中，固定前提参数，输入信号通过各层计算一直传送到第五层，在这里用最小二乘法辨识结论参数。然后进入反向通道，在这里，结论参数固定，误差信号反传至第二层，并用梯度算法更新前提参数。由于在固定前提参数的条件下，辨识得到的结论参数是最优的，混合学习算法减少了原始纯反向传播算法的搜索空间的维数，故收敛速度非常快。因为在混合学习法则中，前提参数和结论参数的更新公式是分离的，所以用梯度法的各种变形或其他优化技术，如共轭梯度法、二阶反传法、快速反传法以及其他方法，都可以提高前提参数的学习速度。表 6-1 总结了混合学习算法中各个通道的活动。

表 6-1　ANFIS 混合学习过程中的两个通道

参数	前向通道	后向通道
前提参数	固定	梯度下降
结论参数	最小二乘估计	固定
信号	结点输出	误差信号

6.3.3　模糊神经网络原理流程

图 6-4～图 6-9 分别为 ANFIS 网络原理框图和软件实现流程图。网络划分成初始 ANFIS 网络结构、聚类方式生成初始 ANFIS 网络结构、ANFIS 网络参数的训练、BP 算法训练的一个周期及 GD＋LSE 混合学习算法训练的一个周期。

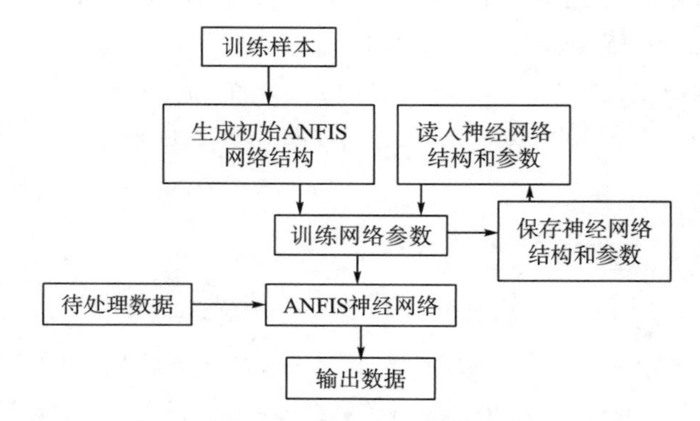

图 6-4　ANFIS 学习和训练原理流程图

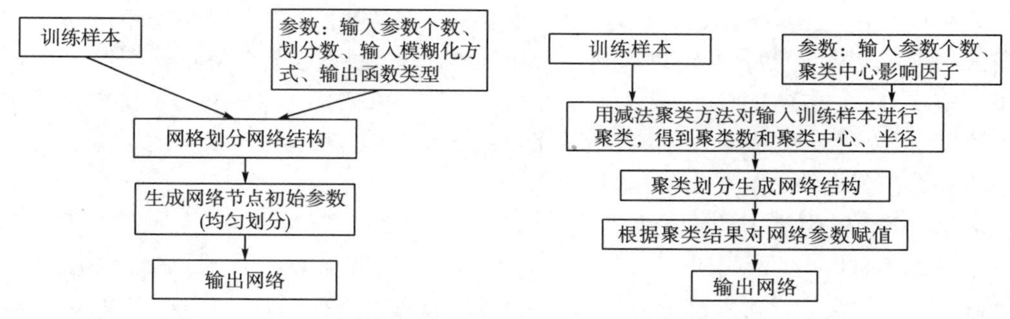

图 6-5　用网络划分方式生成初始 ANFIS 网络结构　图 6-6　用聚类划分方法生成初始 ANFIS 网络结构

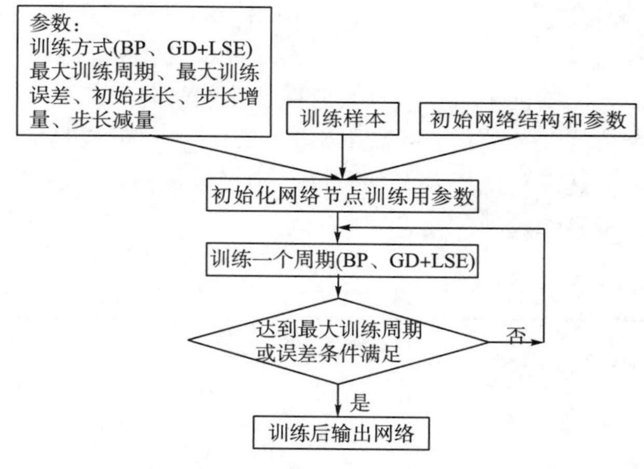

图 6-7　ANFIS 网络参数的训练

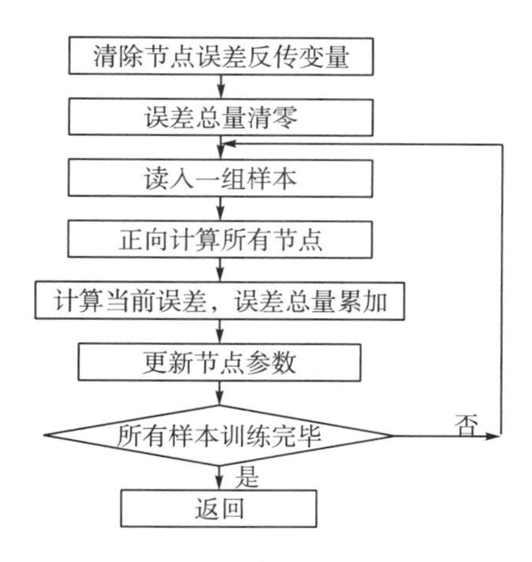

图 6-8　用 BP 算法训练一个周期

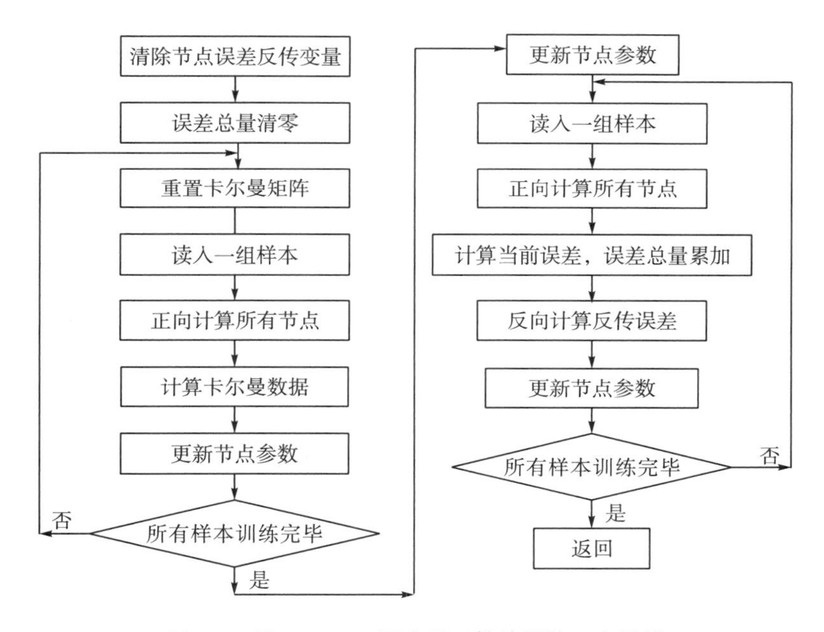

图 6-9　用 GD+LSE 混合学习算法训练一个周期

6.4　神经网络的结构及混合算法的设计

网络的结构如何，网络的参数有哪些，利用遗传算法如何求参数，TS 算法如何加到算法中。

6.4.1　网络结构及其参数

前面介绍了遗传算法、ANFIS 结构及其通常采用的算法，提到了 TS 算法。讨论了它们的特点和应用，我们可以看出，它们各有优缺点，其中 ANFIS 通常采用的最小二乘与梯度下降的混合算法存在如下不足。

(1) 梯度下降法是一种基于导数的优化方法，要求函数可导。

(2) 容易陷入局部极值。

(3) 结论参数是线性参数，因此对于复杂的非线性函数，要比较准确的逼近需要较多的网络参数，特别是前提参数。

(4) 收敛速度较慢。

基于以上 ANFIS 混合算法的缺陷，将遗传算法应用于训练 ANFIS 网络的参数，由于遗传算法是基于概率的搜索算法，且具有很强的鲁棒性，很快可以收敛到全局最优解附近，是一种非导数的优化算法，因此可以解决以上提出的第 1、2、4 个问题。网络结构如图 6-3(b) 所示。

ANFIS 神经网络的结论参数是线性参数，因此对于复杂的问题，很难较好地逼近，否则需要增加前提参数，但是前提参数的增加，会使整个网络的参数剧增，从而降低网络的收敛速度和性能，因此可以采用非线性参数。

参数包括前提参数和结论参数，以两输入一输出的网络为例说明网络的参数集。

前提参数取决于隶属函数，如果隶属函数 A 是高斯函数，B 是钟形函数：

$$\mu_{A_i}(x) = \mathrm{e}^{-\frac{1}{2}\left(\frac{x-c_i}{\sigma_i}\right)^2}$$

$$\mu_{B_i}(x) = \frac{1}{1+\left|\frac{x-t_i}{s_i}\right|^{2b_i}}$$

则网络的前提参数有 σ_1、σ_2、c_1、c_2、b_1、b_2、t_1、t_2、s_1、s_2。

结论参数取决于模型所用的规则及线性函数，若采用以下规则：规则 1，如果 x 是 A_1 并且 y 是 B_1，那么 $f_1 = p_1x + q_1y + r_1$；规则 2，如果 x 是 A_2 并且 y 是 B_2，那么 $f_2 = p_2x + q_2y + r_2$；则结论参数有 p_1、p_2、q_1、q_2、r_1、r_2，网络中参数即为结论参数和前提参数。

6.4.2　遗传算法

为了在给定样本的条件下求得网络的参数，使用遗传算法要解决如下问题：如何编码形成染色体；如何选择遗传操作；如何定义适应度函数；如何定义终止准则；为了加快速度，要采取哪些措施？

1. 编码

遗传算法中编码的对象往往是所求的目标，因此，我们需要对网络的参数进行编码，即对 σ_1、σ_2、c_1、c_2、b_1、b_2、t_1、t_2、s_1、s_2、p_1、p_2、q_1、q_2、r_1、r_2 进行编码，为了计算方便，这里采用实数编码。

2. 遗传操作

(1) 选择和交叉：当群体适应度按升序排好后，在高适应度和低适应度的个体中各选一个进行交叉，由于采用实数编码，因而本书采用线性交叉。

(2) 变异：变异按一个小的概率进行，当变异时，让该个体的权值发生一个扰动。如果要求大的变异，则需要让扰动大一些，一般情况下只需一个小的变异，当个体趋于一致时需要大的变异。

3. 适应度函数

本书采用实数编码。因为误差越小，网络越好，因此适应度函数对应于网络误差。

4. 终止准则

有下列情况之一时，遗传进化迭代终止：

(1) 当误差小于一个数学意义上的无穷小量时。

(2) 达到进化代数时。

5. 加快速度的措施

为了加快速度，可以在进化的同时混入一些其他算子，以增大遗传算法朝期望的方向搜索的概率，如 BP 算法、最小二乘法等。

6.5 TS 算法

TS 算法与其他智能优化算法相比性能更为优越。由于它可以减少大量的重复计算，因此，我们将它加到遗传算法的内部，可大大提高运算速度。在交叉操作时，加入如下 TS 算法。

第一步，确定网络参数。

第二步，生成一个初始解 x^{now} 及给定禁忌表 $H=\Phi$。

第三步，确定邻域标准 δ 和邻域大小，在 x^{now} 的每个分量上加上区间 $\left[-\delta,+\delta\right]$ 之中的一个随机数来构成邻域 $N(x^{\text{now}})$ 之中的每一个分量。

第四步，若 $N(x^{\text{now}})$ 之中的最优解 $x^{N\text{-best}}$ 满足特赦准则，则 $x^{\text{next}}=x^{N\text{-best}}$，转第六步。

第五步，在 $N(x^{\text{now}})$ 之中选出满足禁忌条件的候选集 Can-$N(x^{\text{now}})$，在 Can-$N(x^{\text{now}})$ 得出最优解 $x^{\text{Can-best}}$，$x^{\text{now}}=x^{\text{Can-best}}$。

第六步，$x^{\text{now}}=x^{\text{next}}$，更新禁忌表 H。

第七步，重复第三步，直到满足终止条件。

6.5.1 TS 算法的基本思想

TS 算法是一种亚启发式(meta-heuristic)搜索算法。Fred Glover 于 1986 年首次提出这一概念，进而形成了一套完整的算法[55]。TS 算法通过引入一个灵活的存储结构和相应的禁忌准则来避免迂回搜索，并通过藐视准则来赦免一些被禁忌的优良状态，进而保证多样化的有效探索以最终实现全局优化，其最引人注目的地方在于其跳出局部最优解的能力。TS 算法与遗传算法和模拟退火算法最大的不同在于，后两者不具有记忆能力。与传统的优化算法相比，TS 算法的主要特点如下：①在搜索的过程中可以接受劣解，因此具有较强的爬山能力；②新解不是在当前解的邻域中随机产生的，而是优于 best so far 的解，或是非禁忌的最优解，因此选取优良解的概率远远大于其他解。

一般的禁忌搜索算法可以描述如下。

第一步，选定一个初始解 x^{now} 及给定禁忌表 $H=\Phi$。

第二步，若满足停止规则，则停止计算；否则，在 x^{now} 的邻域 $N(H,x^{now})$ 中选出满足禁忌要求的候选集 Can-$N(x^{now})$：在 Can-$N(x^{now})$ 中选一个评价值最佳的解 x^{next}，$x^{next}=x^{now}$；更新历史记录 H，重复第二步。

6.5.2　禁忌搜索算法的关键技术

禁忌搜索算法可以被看作是一种重复下降的方法。所谓禁忌，就是指禁止重复前面达到局部最优的状态。TS 算法中，邻域函数沿用局部邻域搜索的思想，用于实现邻域搜索；禁忌表和禁忌对象的设置，体现了算法避免迂回搜索的特点；特赦准则则是对优良状态的奖励，它是对禁忌策略的一种放松。下面对禁忌搜索算法中的一些关键技术进行介绍。

6.5.3　禁忌对象、禁忌长度与候选集

禁忌表中的两个主要指标是禁忌对象和禁忌长度。禁忌对象指的是禁忌表中被禁的那些元素。因此，首先需要了解状态是怎样变化的。我们将状态的变化分为解的简单变化、解向量分量的变化和目标值的变化 3 种情况。在这 3 种变化的基础上，讨论禁忌对象，本小节同时介绍禁忌长度和候选集确定的经验方法。

1. 解的简单变化

这种变化最为简单。假设 $x,y\in D$，其中 D 为优化问题的定义域，则简单解变化为 x->y 是从一个解变化到另一个解。

2. 解向量分量的变化

这种变化考虑得更为精细，以解向量的每一个分量为变化的最基本因素。设原有的解向量为 $(x_1,x_2,\cdots,x_{i-1},x_i,x_{i+1},\cdots,x_n)$，用数学表达式来描述向量分量的最基本变化为

$$(x_1,x_2,\cdots,x_{i-1},x_i,x_{i+1},\cdots,x_n)\to(x_1,x_2,\cdots,x_{i-1},y_i,x_{i+1},\cdots,x_n)$$

即只有第 i 个分量发生变化，向量的分量变化包含多个分量变化的情形。

3. 目标值的变化

在最优化问题的求解过程中，往往非常关心目标值是否变化，即是否接近最优目标值。这就产生了一种观察状态变化的方式：关注目标值或评价值的变化。如同等位线的道理一样，把处在同一等位线的解视为相同。这种变化是考察 $H(a)=\{x\in D\,|\,f(x)=a\}$。其中，$f(x)$ 为目标函数。它的表面是两个目标值的变化，即 $a\to b$，但隐含着两个解集合的各种变化的可能，即 $\forall x\in H(a)\to\forall y\in H(b)$。

4. 禁忌对象的选取

由上面关于状态变化的 3 种形式的讨论，禁忌的对象就可以是上面的任何一种。第一种情况考虑解为简单变化，当解从 $x \rightarrow y$ 时，y 可能是局部最优解，为了避开局部最优解，禁忌 y 这个解再度出现。禁忌的规则如下：当 y 的邻域中有比它更优的解时，选择更优的解；当 y 为 $N(y)$ 的局部最优解时，不再选 y，而选择比 y 差的解。第二种情况考虑向量分量的变化，禁忌的原则如下：当一对元素 x 和 y 被禁后，两个元素的两种对换 x 与 y 交换和 y 与 x 交换被禁。上一步已经对换的两个元素不能再对换回去，以免还原到原有的解。第三种情况考虑目标值变化，当一个目标值被禁后，包含此目标值的所有状态都被禁。

解的简单变化比解的分量变化和目标值变化受禁范围要小，这可能增加计算时间，但它也给予了较大的搜索范围。解分量的变化和目标值变化的禁忌范围较大，这减少了计算时间，但可能引发的问题是禁忌的范围太大以致陷在局部最优点。

从上面的介绍可知，禁忌搜索算法中的技术很强。因为 NP 难问题不可能奢望计算得到最优解，在算法的构造和计算过程中，一方面要求尽量少地占用机器内存，这就要求禁忌长度、候选集合尽量小。正好相反，禁忌长度过短造成搜索的循环，候选集合过小造成过早地陷入局部最优。

5. 禁忌长度的确定

禁忌长度是被禁对象不允许选取的迭代次数。一般是给被禁对象 x 一个数(禁忌长度) t，要求对象 x 在 t 步迭代内被禁，在禁忌表中采用 $\text{tabu}(x)=t$ 记忆，每迭代一步，该项指标做 $\text{tabu}(x)=t-1$ 运算，直到 $\text{tabu}(x)=0$ 时解禁。于是，我们可将所有元素分成两类，被禁元素和自由元素。禁忌长度 t 的选取可归纳为以下几种情况。

(1) t 为常数。

(2) $t \in [t_{\min}, t_{\max}]$，此时 t 是可以变化的数，它的变化是依据被禁对象的目标值和邻域的结构。此时 $t_{\min}$、$t_{\max}$ 是确定的。$t_{\min}$、$t_{\max}$ 的大小是根据具体的问题来决定的。

(3) $t_{\min}$、$t_{\max}$ 的动态选取。有的情况下，用 $t_{\min}$、$t_{\max}$ 的变化能得到更好的解。Batti 等提出的 reactive tabu search 就是根据这种思想而得出的。

6. 候选集合的确定

候选集合由邻域中的邻居组成。常规的方法是从邻域中选取若干个目标值或评价值最佳的邻居入选。

6.5.4　评价函数

评价函数是候选集合元素选取的一个评价公式，候选集合的元素通过评价函数来选取。评价函数分为基于目标函数和基于其他方法两类。

1. 基于目标函数的评价函数

这一类主要包含以目标函数的运算所得到的评价方法。若记评价函数为 $p(x)$，目标函数为 $f(x)$，则评价函数可以采用目标函数：$p(x)=f(x)$。目标函数值与 x^{now} 目标值的差值：$p(x)=f(x)-f(x^{\text{now}})$，其中 x^{now} 是上一次迭代计算的解，目标函数值与当前最优解 x^{best} 目标值的差值 $p(x)=f(x)-f(x^{\text{best}})$，$x^{\text{best}}$ 是目前计算中的最优解。基于目标函数的评价函数的形成主要通过对目标函数进行简单的运算，它的变形很多。

2. 其他方法

当计算目标值比较复杂或耗时较多时，解决这一问题的方法之一是采用替代的评价函数。替代的评价函数还应该反映原目标函数的一些特性，如原目标函数对应的最优点还应该是替代函数的最优点。构造替代函数的目标是减少计算的复杂性。

6.5.5　特赦规则

在禁忌搜索算法的迭代过程中，会出现候选集中的全部对象都被禁，或有一对象被禁，但若解禁则其目标值将有非常大的下降。在这样的情况下，为了达到全局的最优，我们会让一些禁忌对象重新可选，这种方法称为特赦，相应的规则称为特赦规则(aspiration riteria)，有的书上也称为藐视准则。

常用的特赦规则有以下几种。

(1)基于评价值的规则。在整个计算过程中，记忆已出现的最优解 x^{best}。当候选集中出现一个解 x^{now}，其评价值满足 $c(x^{\text{best}})>c(x^{\text{now}})$时，虽说从 x^{best} 到 x^{now} 的变化是被禁的，但是此时解禁 x^{now} 使其自由，直观地理解，我们得到一个更优的解。

(2)基于最小错误的规则。当候选集中所有的对象都被禁，而上一种特赦规则又无法使程序进行下去时，为了得到更优的解，从候选集的所有元素中选一个评价值最小的状态解禁。

(3)基于影响力的规则。有些对象的变化对目标值的影响很大，而有的变化对目标值的影响较小。我们应该关注影响大的变化。从这个角度理解，如果一个影响大的变化成为被禁对象，则应该使其自由，这样才能得到问题的一个更优的解。需要注意的是，我们不能理解为，对象的变化对目标影响大就一定使目标(或评价)值变小，它只是一个影响力指标。这一规则应该结合禁忌长度和评价函数值使用。在候选集中的目标值都不及当前的最优解，而一个禁忌对象的影响指标很高且很快将被解禁时，我们可以通过解禁这个状态以期得到更优的解。

6.5.6　记忆频率信息

在计算的过程中，记忆一些信息对解决问题是有利的。若一个最好的目标值出现的频率很高，则我们有理由推测：现有参数的算法可能无法再得到更优的解，因为重复的次数过高，使我们认为可能出现了多次循环。根据解决问题的需要，我们可以记忆解集合、有序被禁对象组、目标值集合等的出现频率。一般可以根据状态的变化将频率信息分为两类：静态和动态。

静态频率信息主要是某些变化，如解、对换或目标值在计算中出现的频率。动态频率信息主要是一个解、对换或目标值到另一个解、对换或目标值的变化趋势。频率信息有助于进一步加强禁忌搜索的效率。

6.5.7　基于 GA-ANFIS 储层地震综合预测与评价实现技术

在储层综合预测与评价中，其关键技术是在遗传进化时加入了其他算子，如最小二乘法和 TS 算法等。而不是将遗传算法和其他算法分开单独运算。

算法流程图如图 6-10 所示。其中，在交叉操作时加入了 TS 算法。

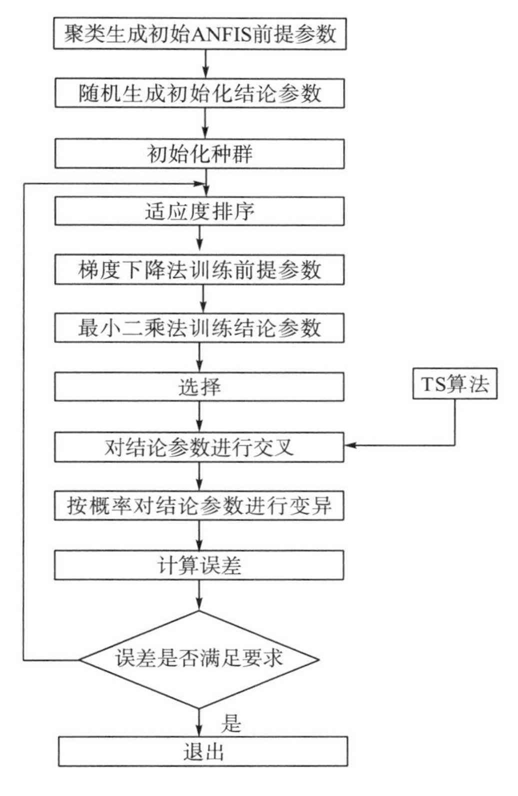

图 6-10　基于 GA-ANFIS 混合算法的非线性预测流程图

6.6　储层有效性评价

应用储层地震综合预测软件系统处理所得到的储层综合评价参数 A(%) 被定义为表征储层有效性的指数，称该指数为储层有效性指数。储层有效性指数是一种储层品质指标，该指数越大，储层品质越优，否则，储层品质变差。储层有效性指数与研究地区和储层类型有关，不同的研究地区和不同的储层类型，储层有效性指数有不同的取值及变化范围。

图 6-11 是某地嘉陵江组嘉四^{1}—嘉三段有效储层区块分布图。在图 6-11 中，储层有效性指数 $A \geqslant 50\%$的区块划为有效储层区块(A、B、C、D)，其中 $A \geqslant 55\%$为一级储层区块，其余部分为二级储层区块。这 4 个区块(A、B、C、D)围着构造顶部四周展开分布，处于构造较有利部位，并在区块 A 获得工业气流。

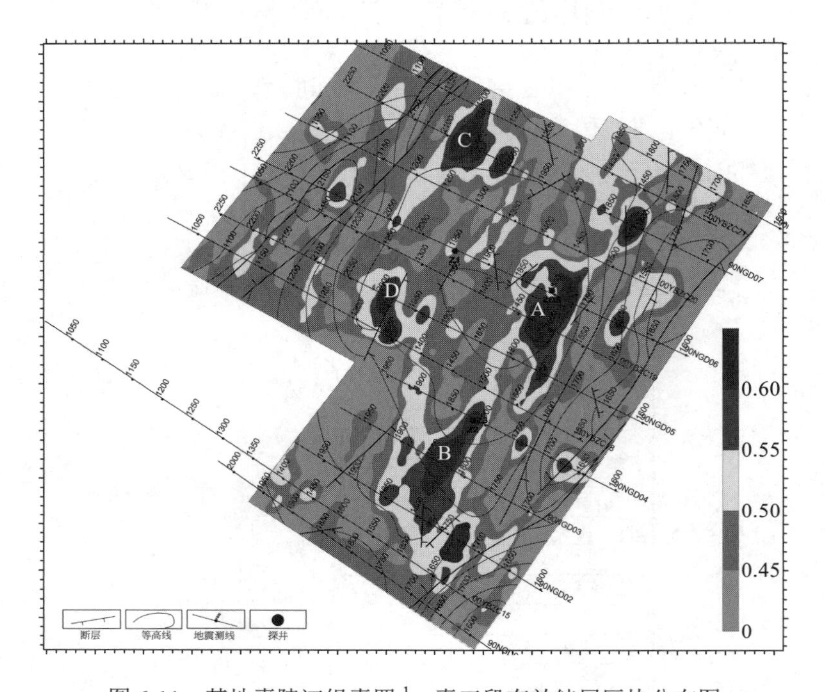

图 6-11　某地嘉陵江组嘉四^{1}—嘉三段有效储层区块分布图

6.7 本 章 小 结

本章将模糊集与神经网络结合在一起，利用神经网络与模糊系统共同的优点，构成自适应神经模糊推理系统，用于储层预测之中，即产生储层地震非线性预测与评价新方法，以建立储层品质、含油气性与地震信息之间的联系。

(1) 本章简述了五大类 35 种地震属性参数的提取及地震属性参数空间的形成，在此基础上，利用 K-L 最优正交变换对地震属性参数进行优化处理，形成用于储层预测的新的地震属性参数空间。

(2) 本章研究了 ANFIS 系统的特点，它是神经网络与模糊推理的一个混合系统，采用梯度下降-最小二乘(GD+LSE)混合学习算法。针对 ANFIS 中学习算法的缺点，本章研究提出了一种新的自适应混合算法，这种新的混合算法是由 GA 算法、ANFIS 网络中的学习算法(GD+LSE)与禁忌搜索(TS)算法所组成的，将 GD+LSE 混合学习算法嵌入 GA 算法内部及亚启发式的禁忌搜索算法加在遗传算法的交叉操作处，分别优化训练 ANFIS 网络的前提参数和结论参数，加快了自适应网络的收敛速度，提高了网络性能。

(3) 本章应用由地震属性参数提取、地震属性参数优化处理、ANFIS 网络系统和新的混合算法构成的储层地震非线性综合预测与评价方法及研制的软件系统，对储层进行了预测研究，获得了储层综合评价参数，它可作为储层品质和含油气性的评价指标。其预测方法与算法均能适应油气储层的复杂性和多变性，是一种新型的储层预测与评价方法。

第7章　应用实例与效果分析

通过承担和完成国家自然科学基金项目、国家重点科技攻关项目等多项科研项目，创建了储层地震非线性预测方法系列，在实际推广应用中，获得了较为丰富的研究成果。本章将给出其部分推广应用成果[56-59]。

7.1　储层地震速度分布特征与储层预测

我们采用地震高分辨率非线性反演方法对碳酸盐岩储层、碎屑岩储层及火山岩储层进行了速度反演研究，这种反演方法是一种新的反演方法，分辨率高，并具有广泛的适应性，其水平高于宽带约束反演方法。

7.1.1　碳酸盐岩储层地震速度特征与储层预测

图7-1是ZC嘉陵江组碳酸盐岩储层段的速度反演剖面。由图7-1可以看出，嘉四^1—嘉三储层的速度具有下列特征。

(1) 在嘉四^{1}顶出现速度为5700～6100m/s的薄层，其分布范围为CDP1820～1920。

(2) 在嘉三段高速背景(6200～6700m/s)上出现3个速度降低条带(5700～6100m/s)，其分布范围为CDP1715～1780、CDP1785～1815和CDP1855～1935。

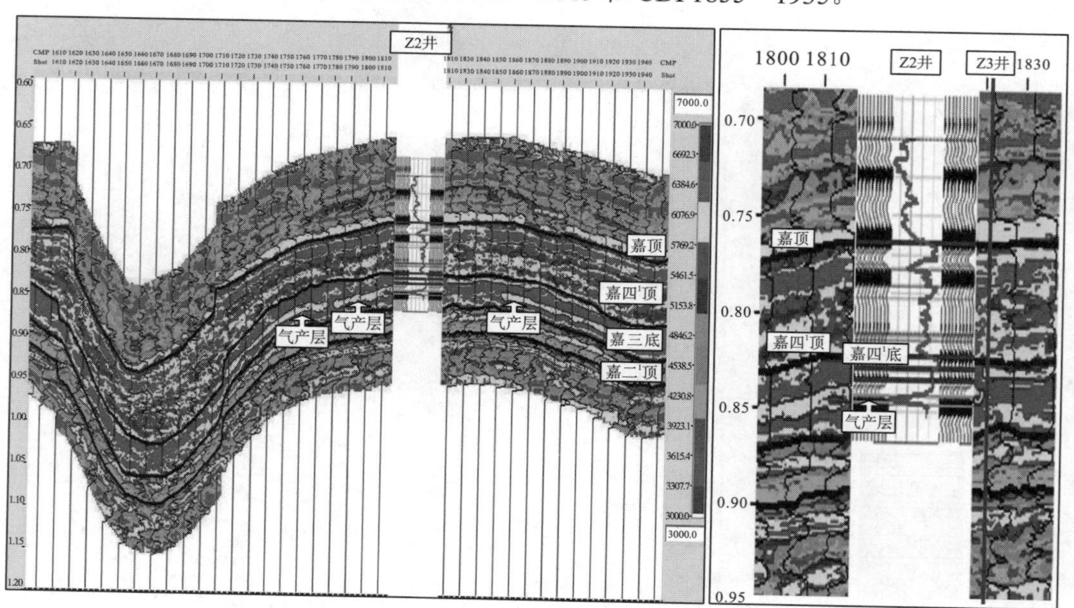

图7-1　ZC嘉陵江组地震速度反演剖面及气层识别(后附彩图)

(3) Z2 井获气 $27.16\times10^4\mathrm{m}^3/\mathrm{d}$，这与第二速度降低带有关，而 Z3 井虽与 Z2 井同井场，但可能偏向了无速度降低的大 CDP 方向，因此，未获气流。

综合分析 ZC 速度反演剖面可以看出，ZC 嘉四 ^{1}—嘉三储层从北到南速度变化规律有所不同，良好储层处于高速背景下的速度降低(层)带，并与速度降低(层)带的延伸范围和延续性有关。

7.1.2　碎屑岩储层地震反演属性特征与储层预测

1. 砂岩储层地震反演属性特征

利用高分辨率反演方法，获得了速度、密度和自然伽马属性数据体，图 7-2 是地震反演属性剖面图。由图 7-2 可以看出，$\mathrm{J}_1s_2{}^1$ 层中，底部以速度为 4250.00～4400.00m/s、密度为 2.30～2.50g/cm^3 和自然伽马值小于 85.0API 为主要特征；在 $\mathrm{J}_1s_2{}^2$ 层中，中上部以速度为 4300.00～4500.00m/s、密度为 2.40～2.50g/cm^3 和自然伽马值小于 80.0API 为主要特征。在图 7-2(a)和(b)上，反演的速度和密度在纵向上变化明显，井分析表明岩性相关关系好，纵向上可划分出 5～6 层小砂岩组，在构造低部位，速度相对较低，构造高部位速度较高，且分布集中，反映出砂岩更厚。图 7-2(c)是自然伽马剖面图。在自然伽马剖面上，对岩性的整体纵横方向变化特征反映更加明显，$\mathrm{J}_1s_2{}^1$ 层泥质含量远高于 $\mathrm{J}_1s_2{}^2$ 层，因此 $\mathrm{J}_1s_2{}^1$ 层以高自然伽马为特征，$\mathrm{J}_1s_2{}^2$ 层以低自然伽马为特征。在 $\mathrm{J}_1s_2{}^2$ 层中纵向分层明显，砂岩发育与低自然伽马值对应。

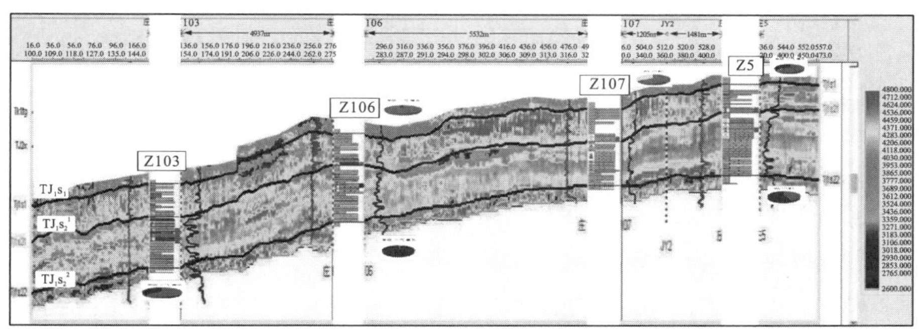

(a) 速度剖面

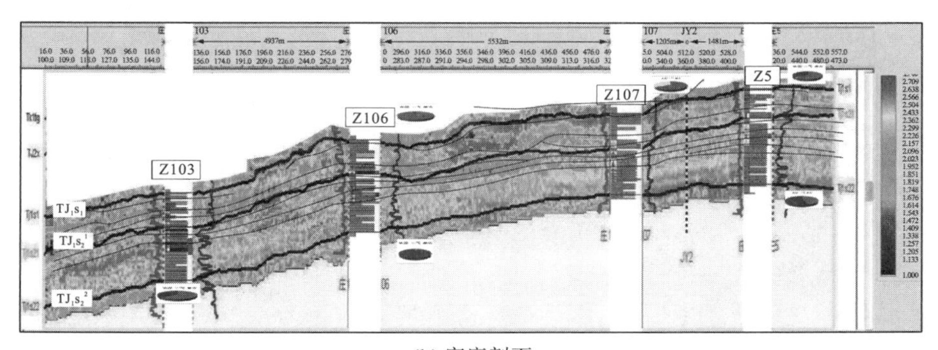

(b) 密度剖面

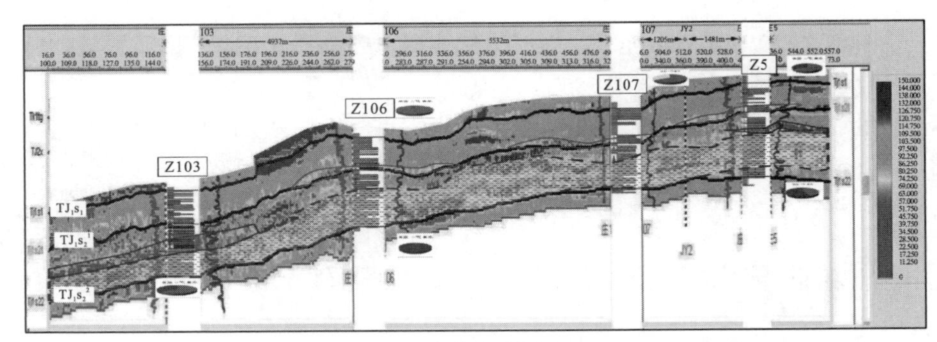

(c) 自然伽马剖面

图 7-2 地震反演属性剖面图(后附彩图)

2. 侏罗系三工河组砂岩储层的砂体与有利砂体空间展布特征

通过钻井与测井对砂体的物性参数进行对比分析，确定了砂体和有利砂体的速度、密度和自然伽马值。根据砂体和有利砂体的速度、密度和自然伽马值计算和提取了各层的砂体和有利砂体的厚度值，并利用钻井和测试确定的厚度进行对比校正，最终获得了储层砂体和有利砂体的空间展布特征。

图 7-3(a)是 J_1s_1 层有利砂岩厚度图。由图 7-3(a)可以看出，J_1s_1 层有 4 个分布区域：①Z4 井—Z107 井—Z102 井—Z5 井一线分布区，呈 EW 条带分布，厚度在 0～8m 之间，是主要有利砂岩分布区，是砂坝集中区；②Z4 井以北，厚度在 4～5.5m 之间，为点砂坝分布区；③Z103 井西，厚度在 3～7m 之间，为远砂坝区；④Z108 井南，块状分布，厚度为 2～5m，为远砂坝。由于 J_1s_1 层有利砂岩厚度不大，并且分布不均，多为含水层，储层品质较差。图 7-3(b)是 $J_1s_2{}^1$ 层有利砂岩厚度图。由图 7-3(b)可以看出，$J_1s_2{}^1$ 层有利砂岩厚度分布趋势与砂岩厚度分布趋势基本一致。$J_1s_2{}^1$ 层有效砂岩厚度在 0～15m 之间变

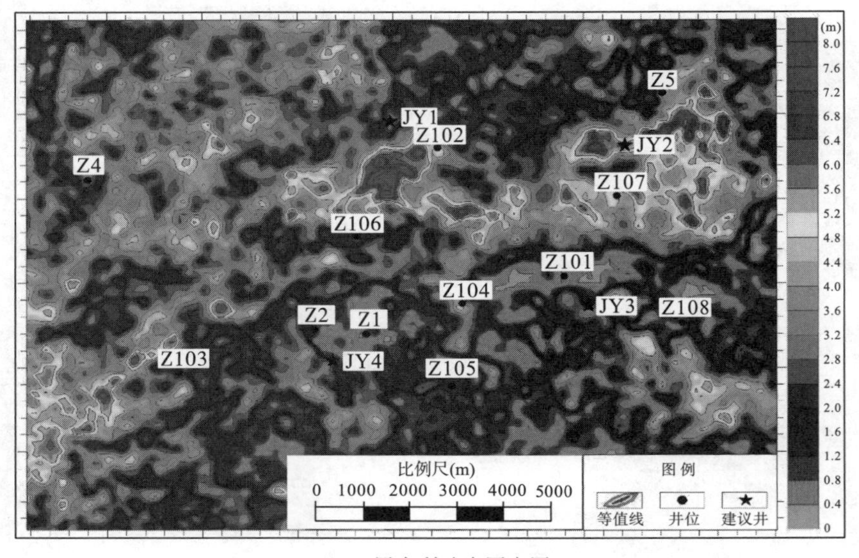

(a) J_1s_1层有利砂岩厚度图

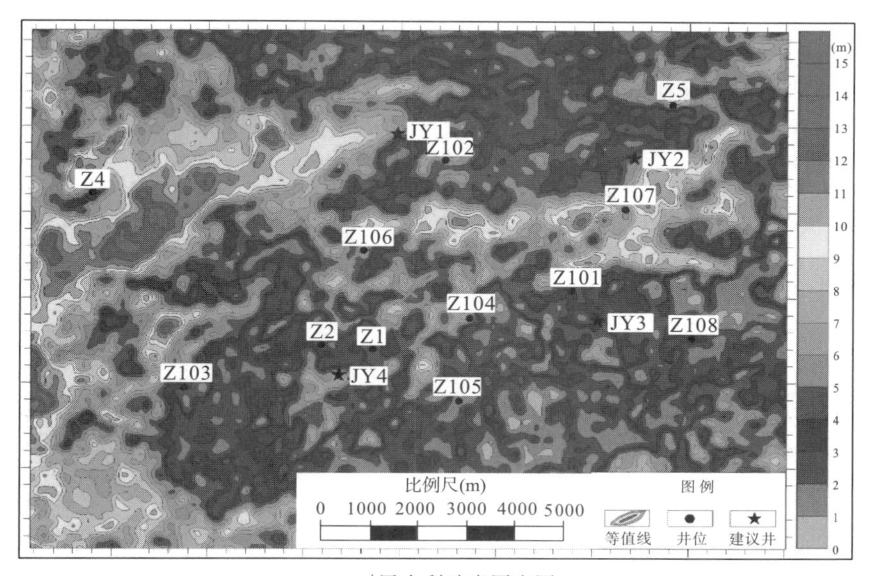

(b) $J_1s_2^1$层有利砂岩厚度图

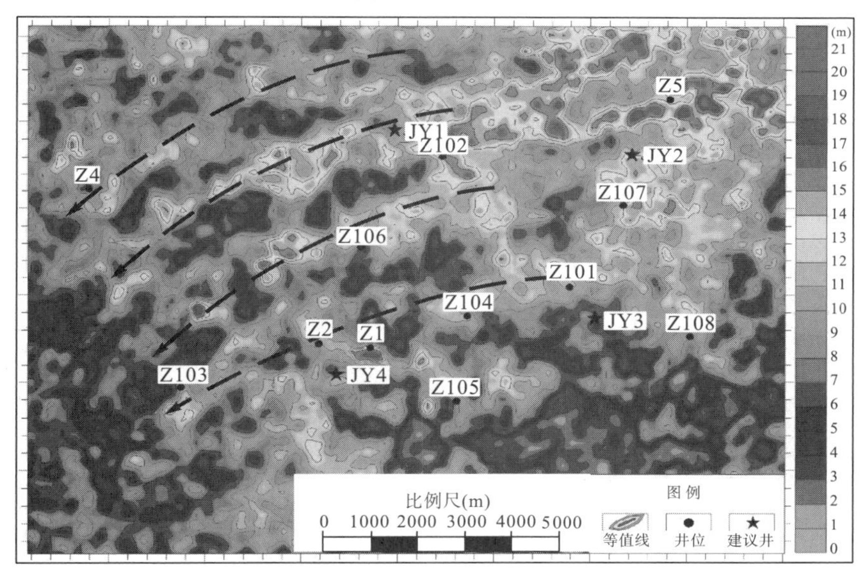

(c) $J_1s_2^2$层有利砂岩厚度图

图 7-3　有利砂岩厚度分布图(后附彩图)

化。图 7-3(c)是 $J_1s_2{}^2$ 层有利砂岩厚度图。由图 7-3(c)可以看出，$J_1s_2{}^2$ 层有利砂岩厚度分布趋势与区域砂岩厚度特征基本一致，$J_1s_2{}^2$ 层有利砂岩厚度仅在 0～22m 之间。在工区的东北角基本呈片状，厚度较厚，在 10～22m 之间，在西部由 NE 向 SW 呈条带延伸，有利砂体呈四条带分布，且基本平行延伸。

图 7-4 是另一地区砂泥岩储层的速度反演剖面(上)和地震剖面(下)。砂泥薄互层较发育，其内结构差异较大，砂岩厚度变化较大，最薄砂体为 4.0m 左右。部分砂体品质有局部化特征，砂体品质与含气性密切相关。

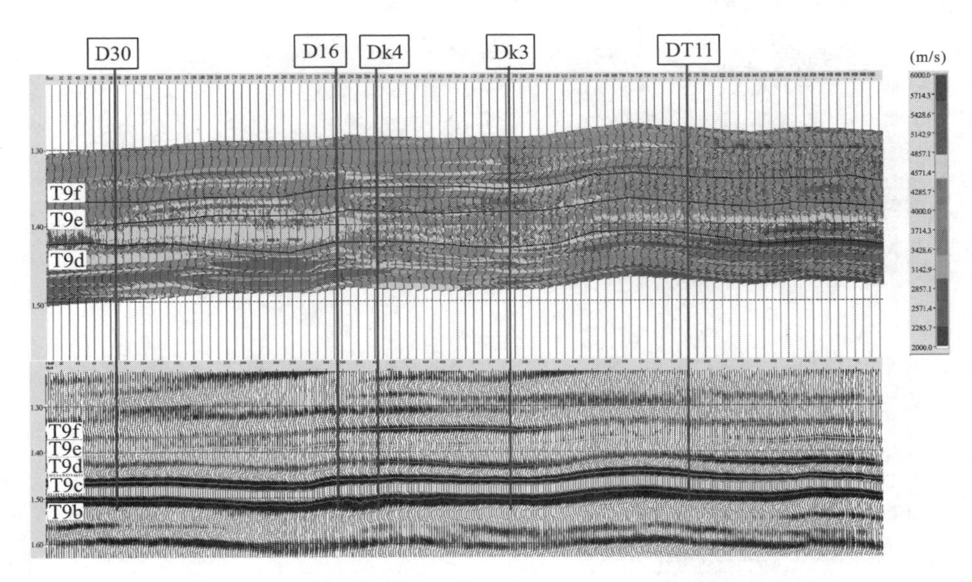

图 7-4　某地区 K7 连井地震速度反演剖面(上)和地震剖面(下)(后附彩图)

7.1.3　火山岩储层地震速度特征与储层预测

应用所提出的反演方法获得了过 XS1 井和 XS6 井地震速度剖面的初步分析，地震速度剖面如图 7-5 所示。地震速度剖面具有如下特征。

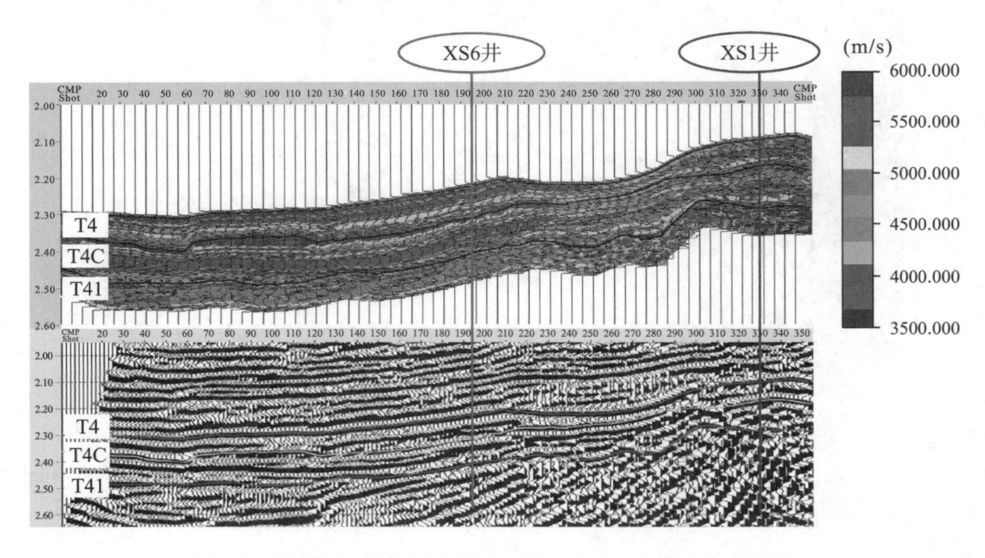

图 7-5　地震速度反演剖面(上)和地震剖面(下)(后附彩图)

(1) 地震速度剖面分辨率高，在地震速度剖面上清晰而详细地反映了砂砾岩(T4—T4C)和火山岩(T4C—T41)内部结构的变化特征。

(2) 在地震速度剖面上，气层特征明显，气层延伸情况可见，气层与上下围岩关系清楚。

从 XS1 井速度剖面与合成记录标定结果(图 7-6)可以看出，反演剖面上 145 号、149 号和 150 号层，多为高速条带，纵向特征清楚。

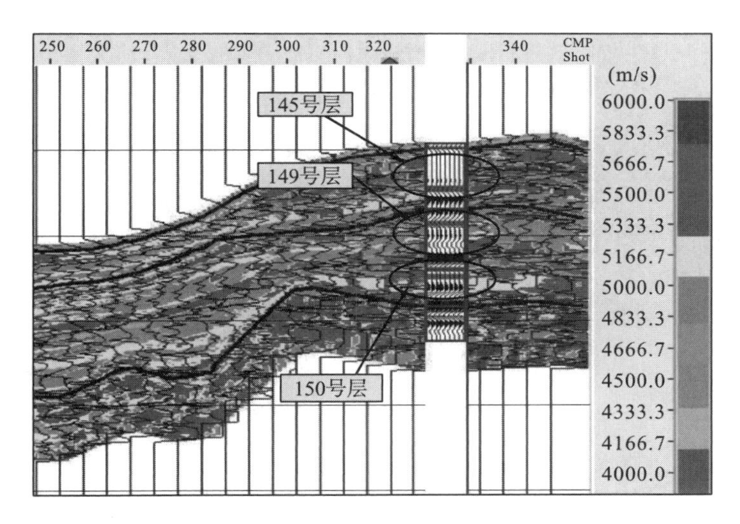

图 7-6　XS1 井反演速度剖面与合成记录标定(后附彩图)

145 号层上下砾岩发育，中部夹低速层。其中，上部高速条带速度高，在 5000～5700m/s 之间，变化大，夹低速(4600～4700m/s)，说明非均质性强，横向不稳定。底部高速条带稳定，质地更均匀，速度在 5000～5500m/s 之间。其中，产层(红线)正好位于高速(5500m/s)中的低速带(5000～5200m/s)上。

149 号层速度在 4600～5700m/s 之间，变化大，说明井点处岩性不稳定，速度从上到下增高，说明往下岩性变均匀致密。顶部低速条带中测试产气 $19.6\times10^4 m^3/d$(红线部位)。

150 号层整体速度高(5000～5700m/s)，岩性相对稳定均质。其中，高速中相对低速(5000～5200m/s)条带为有效储层发育区，从速度剖面上看，下部速度低于上部，但井点处明显上下连通，故经测试获高产气流。

7.2　储层裂缝发育分布特征与储层预测

7.2.1　碳酸盐岩储层非线性参数特征

图 7-7 和图 7-8 分别是 02TCT029 和 02TCT030 嘉二 ^{1}—嘉一碳酸盐岩储层非线性参数剖面。由图 7-7 和图 7-8 可以看出，3 种非线性参数沿剖面变化，并出现高值异常段，尤其是在 TF5 井和 TF1 井附近地段异常表现明显。TF5 井和 TF1 井处于高值异常的边缘，同时，3 种非线性参数出现分割现象。这些高值异常和分割现象反映嘉二 ^{1} 储层内介质结构(裂缝和含流体状况)的变化。因此，利用这 3 种非线性参数可揭示出嘉二 ^{1} 储层的复杂程度和变化规律，揭示出该储层的不均匀、结构变化和孔缝发育程度，以及储层有效性与天然气之间的关系。

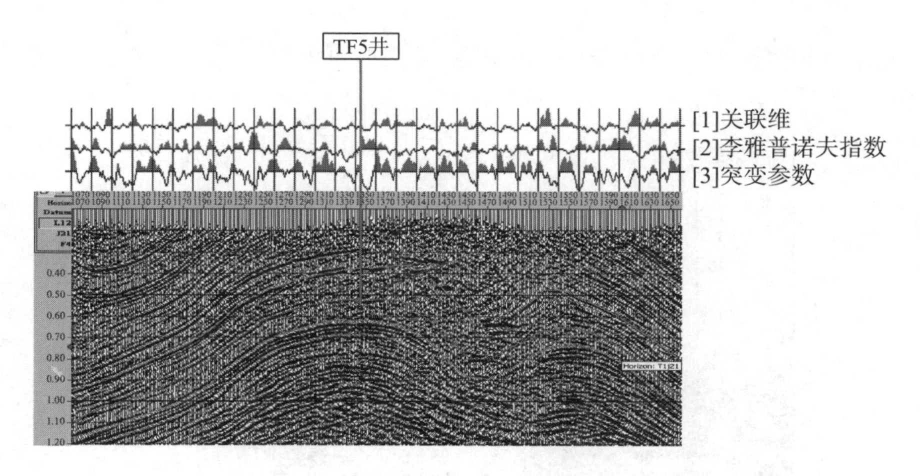

图 7-7　02TCT029 嘉二 [1] 非线性参数(上)和地震剖面(下)(后附彩图)

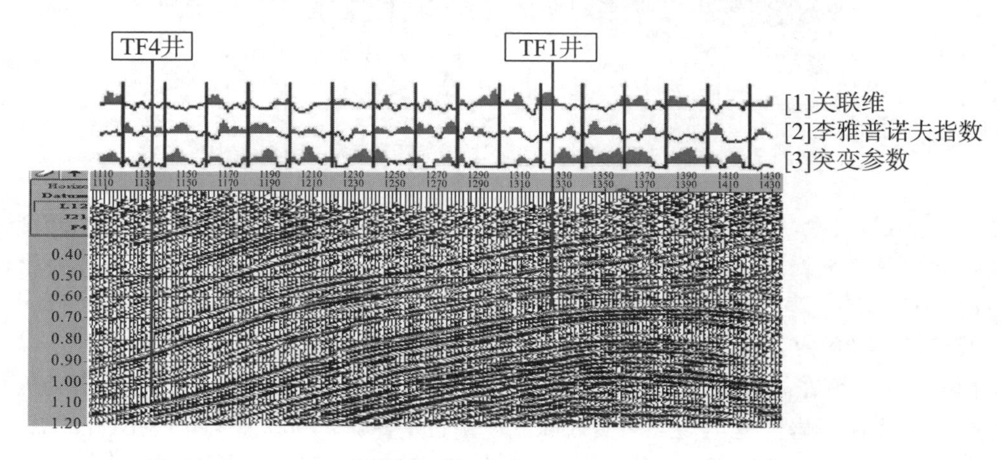

图 7-8　02TCT030 嘉二 [1] 非线性参数(上)和地震剖面(下)(后附彩图)

7.2.2　储层裂缝发育特征及空间展布规律

嘉二 [1]—嘉一储层是具有混沌特性的动力学体系，其演化过程取决于原始沉积条件和后来的各种地质作用的改造，使嘉二 [1]—嘉一储层在结构等方面出现复杂多变性和内部不连续性。

1. 裂缝发育程度划分

图 7-9 是叠合在 TFC～TCG 构造上的嘉陵江组嘉二 [1]—嘉一储层裂缝发育带分布图。由图 7-9 可以看出，裂缝发育程度划分为 4 个级别。

(1) 裂缝发育区：裂缝发育度为 0.76～0.92。

(2) 裂缝较发育区：裂缝发育度为 0.60～0.76。

(3) 裂缝次发育区：裂缝发育度为 0.44～0.60。

(4) 裂缝欠发育区：裂缝发育度为 0.00～0.44。

2. 裂缝空间展布特征

由图 7-9 可以看出，裂缝空间展布特征呈区带分布，即沿构造轴向和断层走向从北到南分为两带一区。在 02TCT011 线以北分布两个条块状的裂缝发育带，在 02TCT011 线以南分布网状裂缝发育区块。这种分布特征与构造特征和断裂特征密切相关。因为嘉陵江组储层主要经历了印支运动、燕山运动、喜山运动。其中，喜山运动表现为强烈的水平挤压运动，形成现今的褶皱及断层，其伴生的张开裂缝则成为嘉陵江组储层的主要渗流通道。这种发育在构造高点、长轴及扭曲等部位的张开裂缝，是获得高产气井的重要部位。由图 7-9 还可以看出，裂缝带之间还具有一定的连通性，这种连通性在开发中值得注意。

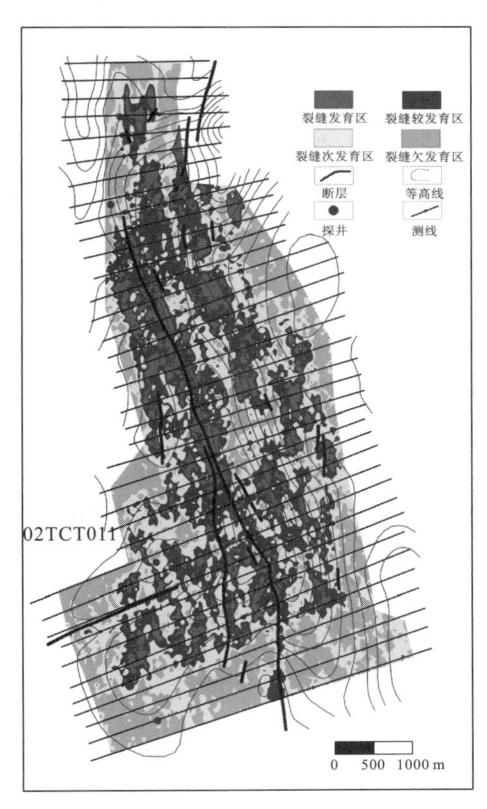

图 7-9　嘉二[1]—嘉一储层裂缝发育带分布图(后附彩图)

7.3　储层地震综合预测与评价

7.3.1　碎屑岩储层地震综合预测与评价

在利用地震反射特征、速度特征及地震非线性参数特征对东河砂岩和志留系储层进行预测研究的基础上，利用储层多种(35 种)地震属性参数对 K1 区东河砂岩储层的质量和有效性进行了综合判别，以获得东河砂岩储层的最佳有效储层段。

1. 储层地震属性参数特征

图 7-10 给出了 TZ01-434.9SN 剖面内的东河砂岩储层段的 35 种地震属性参数曲线。由图 7-10 可以看出，在 Z1 井、Z11 井和 TZ47 井附近地段上，地震属性参数不同程度地出现异常，它们不同程度地反映了储层的有效性和含油气性；在储层的不同部位出现地震属性参数异常部位为良好的储层段或有利部位；地震属性参数异常表现出储层具有分割现象。

分析所有的地震属性参数剖面可以看出，35 种参数之间的关系极为复杂，不同地段，各种参数的表现还不一样，这些给直观分析带来了困难。因此，我们必须对 35 种参数进行综合处理与分析。

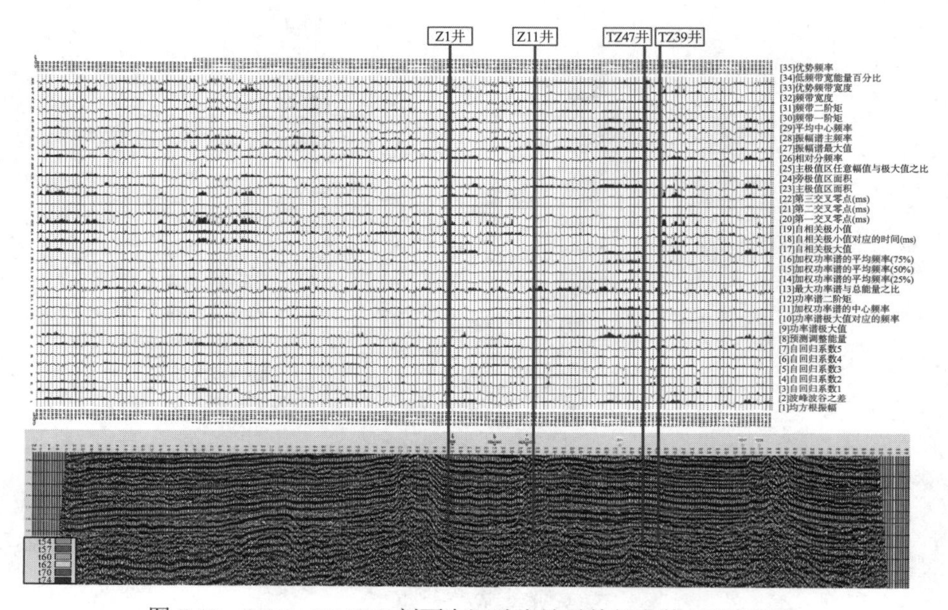

图 7-10　TZ01-434.9SN 剖面东河砂岩地震特征参数(后附彩图)

2. K1 区东河砂岩及志留系储层地震综合预测

根据 K1 区储层的特点、沉积相特征及与围岩的关系，利用多种地震属性参数，采用储层地震非线性综合预测技术对泥盆系东河砂岩储层进行综合预测。图 7-11 是(Inline262 测线)东河砂岩储层地震综合预测剖面；表 7-1 给出了东河砂岩储层的较有利层段。

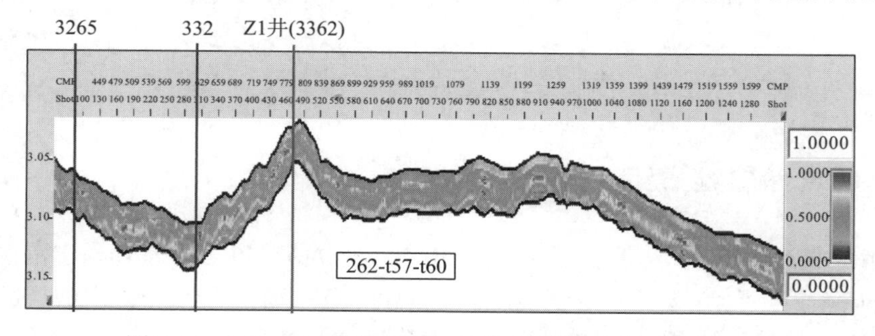

图 7-11　Inline262 测线储层地震综合预测剖面(后附彩图)

表 7-1　东河砂岩储层评价表

剖面	有利储层段(CMP)(m)	有效性评价
Inline262	479～599，659～719，749～779，839～959，989～1049，1199～1259，1349～1519	0.60～0.80
TZ01-434.9	1470～1670，1770～1780，2070～2270，2300～2470，2670～3270，3620～3770	0.60～0.80
TZ02-442.7	690～940，950～1340，1400～1940，1970～2240	0.60～0.85
TZ01-336.2 (Crossline787)	410～470，650～1090，1213～1353，1493～1860，1983～2070，2100～2610	0.60～0.80
TZ02-332	1020～1360，1450～1680，1720～1800，1860～2040，2140～2560	0.60～0.80
TZ02-326.5	750～2110，2260～2560，2710～5690	0.70～0.85

由表 7-1 可以看出，东河砂岩储层具有下列特征。

(1) 东河砂岩储层的有效性指数为 0.60～0.85，有效性指数在 0.7 以上的储层段可划分为优良级(Ⅰ级)储层段。

(2) 东河砂岩储层沿剖面方向变化大，储层的分割现象严重，这种分割现象与岩性、物性和储层内部结构变化等有关。

(3) 相邻剖面之间，东河砂岩储层存在不同程度的变化，在 Inline 和 Crossline 方向也存在差异，表明储层的非均质性较强，为不均匀储层，给开发带来较大的难度。

3. K1 区东河砂岩储层有效性评价

由储层地震非线性综合预测可知，东河砂岩储层有效性指数值为 0.60～0.85，均为良好储层，有效性指数在 0.7 以上为优良储层，但储层的分割现象及差异较大，储层的非均质性较强。

在构造圈闭方面，在 Z1 井区，在 TZ 隆起带倾没部位存在一个低幅背斜，并被加里东时期的断层所改造，而 Z1 井位于东西两个高点间的鞍部；东河砂岩储层是既受构造控制，也受岩性控制的复合圈闭，但以构造控制为主。

7.3.2　碳酸盐岩储层地震综合预测与评价

1. 储层地震属性参数特征

图 7-12 是过某地区 TF5 井的地震剖面所提取的嘉陵江组碳酸盐岩储层 35 种属性参数。由图 7-12 可以看出，以 TF5 井为中心，在较大的范围内大多数地震属性参数出现异常特征，这些地震属性参数异常反映了嘉二 ^{1} 储层的有效性和含气性。

分析所有的地震属性参数剖面可以看出，在嘉二 ^{1} 储层段内，在不同部位出现地震属性参数的异常，反映了出现地震属性参数异常的部位为嘉二 ^{1} 良好的储层段或有利部位。这些地震属性参数异常优于地震剖面上的波形异常。

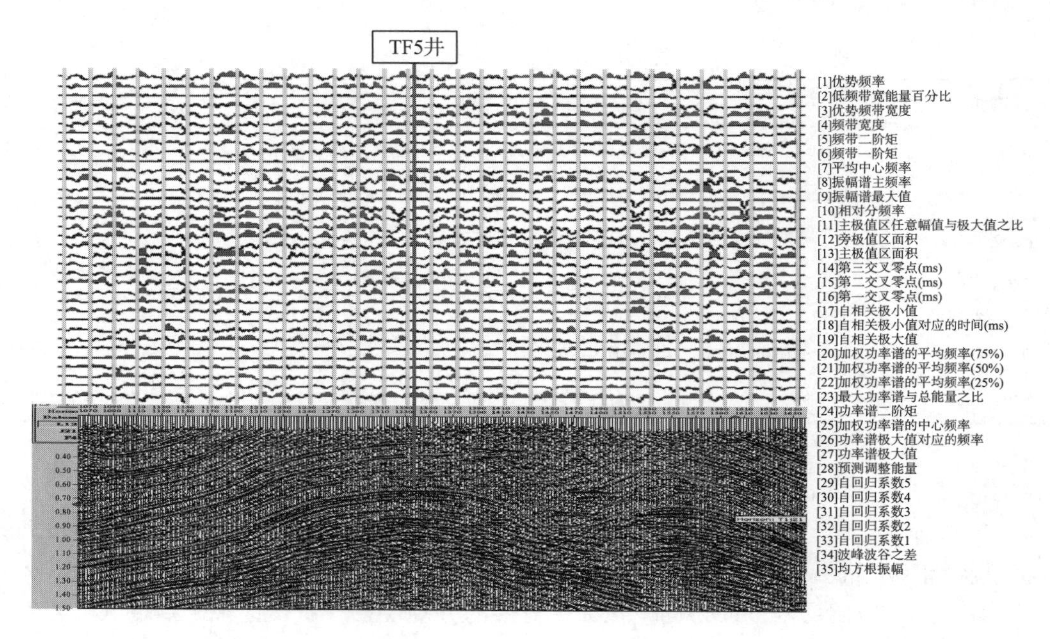

图 7-12　02TCT029 嘉二[1]储层地震属性参数(下)和地震剖面(下)(后附彩图)

2. 储层地震综合预测与评价

图 7-13 是某地区嘉陵江组嘉二[1]—嘉一储层地震综合预测图。由图 7-13 可以看出，嘉二[1]—嘉一储层分为Ⅴ级，即划分出Ⅰ级区块、Ⅱ级区块、Ⅲ级区块、Ⅳ级区块和Ⅴ级区块，并确定Ⅰ级和Ⅱ级区块为最佳有利区块区，即满足下列条件的Ⅰ级和Ⅱ级区块称为有效储层区块。

(1)在Ⅰ级和Ⅱ级区块区内，地震属性参数(包括非线性参数)均为高值异常和较高值异常。

(2)Ⅰ级和Ⅱ级区块处于裂缝发育区和裂缝较发育区。

(3)Ⅰ级和Ⅱ级区块沿构造轴部分布和构造高点等部位，处于有利的构造部位。

(4)由储层测井可知，产气井均分布在Ⅰ级和Ⅱ级区块内，表明Ⅰ级和Ⅱ级区块具有很好的含气性。

(5)有效性指数大于 0.5。

储层综合预测和 7.2 节中裂缝发育程度预测表明，Ⅰ级和Ⅱ级区块的含气性具有一定的差异性，这主要是由构造部位不同、非均一性、介质结构变化以及断裂-裂缝等所造成的。

储层综合预测和裂缝空间展布还表明，Ⅰ级和Ⅱ级区块为一个范围较大的异常体，它们已成为开发中的整装气田。

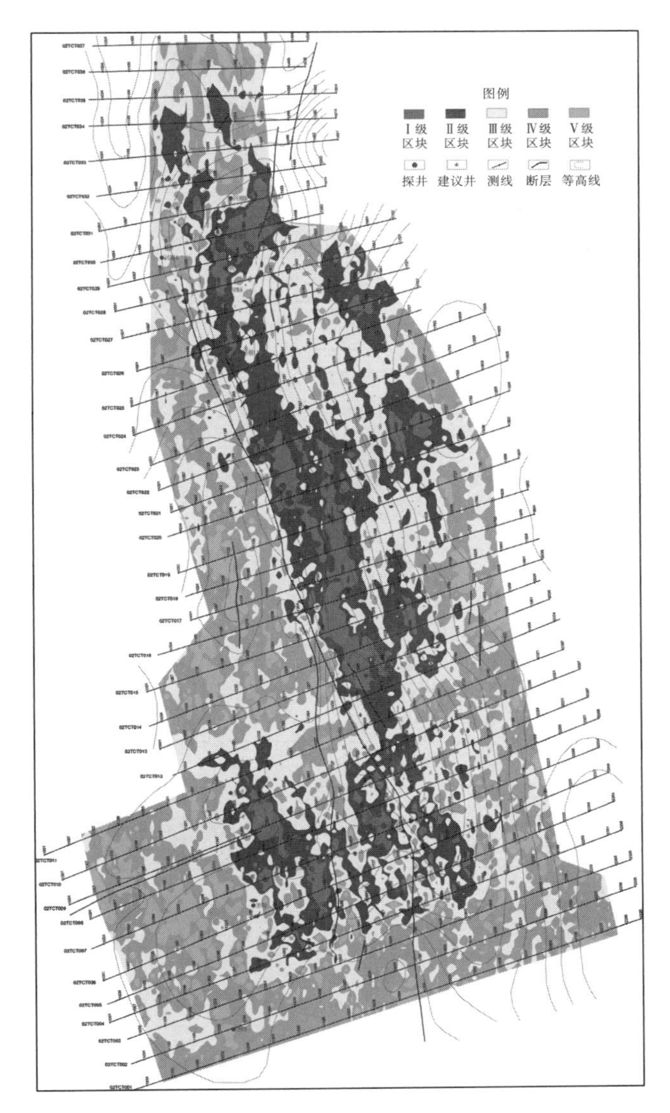

图 7-13　嘉二 [1]—嘉一储层地震综合预测图(后附彩图)

7.4　碎屑岩储层岩性尖灭特征

利用地震非线性参数技术，获得如图 7-14 和图 7-15 所示的 SN 区和 K3 区 386 测线和 322 测线东河砂岩储层突变参数等非线性参数剖面。由图 7-14 和图 7-15 可以看出，在地震非线性参数剖面上，东河砂岩尖灭处地震非线性参数增大，因此，地震非线性参数可作为砂岩尖灭的指示器，与地震速度反演剖面相配合，可准确地确定尖灭点的位置。由于可供使用的地震剖面数量少，所获得的尖灭线轮廓相当粗略，如图 7-16 所示。图 7-16 中，在有关剖面上，尖灭点的位置是准确的。表 7-2 为 SN—K3 区东河砂岩尖灭点位置。

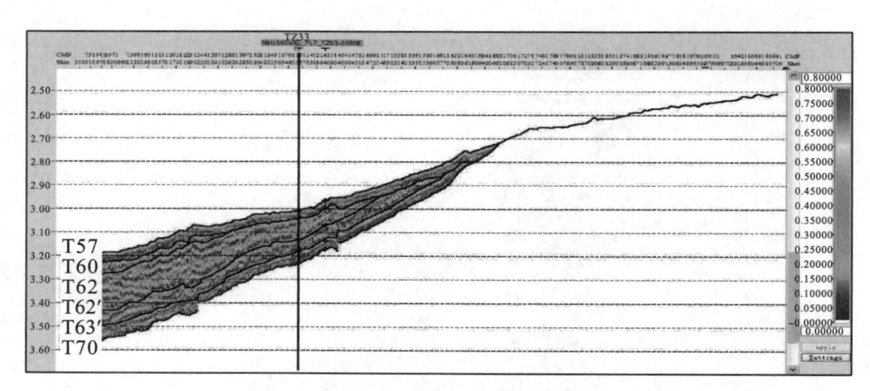

图 7-14　SNTZ02-386NW 地震测线储层突变参数剖面(后附彩图)

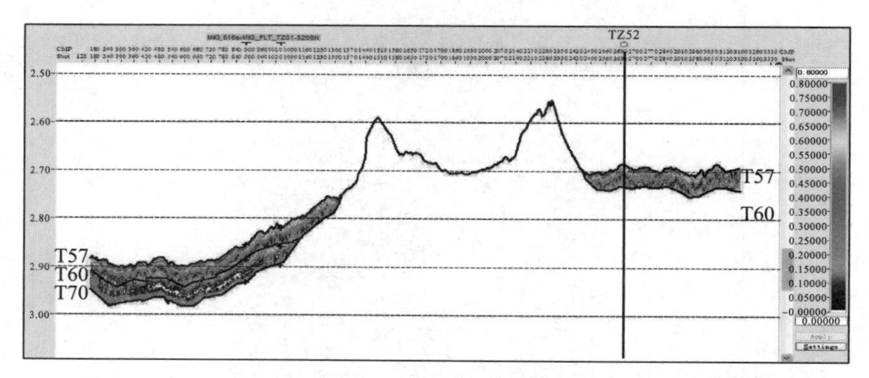

图 7-15　K3 区 TZ01-322EW 地震测线储层突变参数剖面(后附彩图)

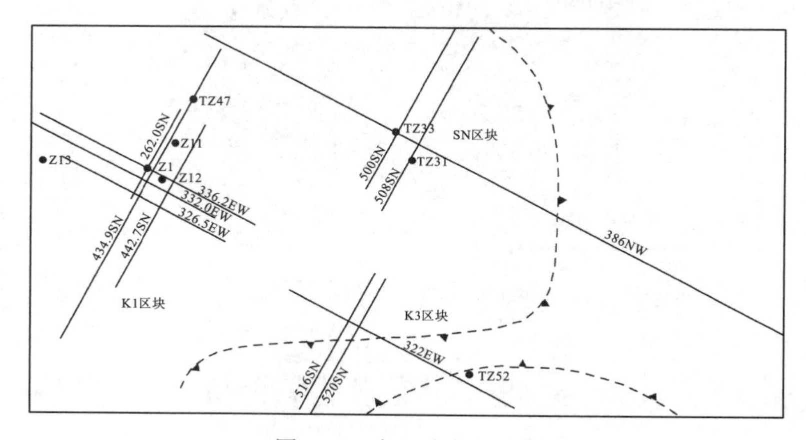

图 7-16　东河砂岩尖灭线

表 7-2　SN—K3 区东河砂岩尖灭点位置

测线	道号	CMP
386NW	6615	6856
516SN	1069	1069
520SN	1180	1180
322EW	1333	1333
322EW	2449	2449

7.5　缝洞物理模型测试与分析在塔河油田的应用

根据塔河油田下奥陶系碳酸盐岩储层溶蚀缝洞的地质特征设计制作了定向裂缝模型、孔洞模型到缝洞模型的系列孔洞缝物理模型来研究缝洞系统的地震响应(详见第 2 章)。通过对多类型缝洞模型地震响应特征的分析与比较(表 7-3)，认为裂缝、孔洞均能引起地震响应。不同裂缝、孔洞特征参数的变化，如裂缝密度、裂缝张开度、孔洞密度、缝洞密度的变化等，均能引起相应的地震响应，并且地震响应的变化具有规律性。根据不同地震波属性参数的变化特征可以推断缝洞体的特征，因而缝洞模型实验为塔河油田下奥陶系碳酸盐岩储层溶蚀缝洞体特征检测提供了可靠的实验基础，也为通过地震响应来检测地下储层缝洞体提供了实际应用前景。

表 7-3　不同缝洞模型地震响应特征分析与比较

物理模型		测试研究方法	地震响应特征分析与比较
定向裂缝模型		裂缝方位与地震响应	①当波的传播方向与裂缝面平行时，裂缝密度大于 20 条/波长产生明显的横波分裂；裂缝密度小于 10 条/波长观察不到横波分裂；纵波速度与振幅的变化较小； ②横波偏振方向与裂缝面平行时，横波速度、振幅最大；横波偏振方向与裂缝面垂直时，横波速度、振幅最小；横波偏振方向与裂缝面斜交时，横波速度、振幅介于两者之间； ③当波的传播方向平行于垂直裂缝面时速度的变化规律：纵波速度变化 18%～19%，横波速度变化 45%～47%
		裂缝张开度与地震响应	裂缝张开度变小，波的速度、振幅、品质因子、主频率和主振幅都增大。其中，振幅、主振幅的变化比速度大 2～3 个数量级；主频率、品质因子的变化比速度大 1～2 个数量级
		裂缝流体与地震响应	饱和水条件下的纵波速度大于干燥条件下的纵波速度，增加幅度为 5%～8%，而两横波的速度变化很小
孔洞模型		材料与地震响应	有机玻璃模型地震响应强，环氧树脂模型地震响应弱
		围压与地震响应	围压增加，纵波速度、振幅、品质因子、主频率和主振幅都随之增加。其中，以振幅、品质因子、主振幅的增加最为明显
		温度与地震响应	①温度升高，纵波速度、振幅、主振幅都有一定的降低，而纵波主频率和品质因子没有明显的变化； ②温度对地震波属性参数的影响小于压力
		孔洞密度与地震响应	①常温常压条件下，模型孔洞密度增加，地震波属性参数总体上呈下降的趋势，但各项参数的变化幅度不同。孔洞密度大于 6%时，有效波形差，难以读取相关地震波参数； ②温压条件下，纵波振幅、品质因子、主频率与速度之间的变化相差 1～3 个数量级。在围压为 70MPa、温度为 70℃的环境下，孔洞密度大于 10%时，有效波形差，难以读取相关地震波参数
缝洞模型	单孔洞缝模型	轴压与地震响应	①轴压升高，纵波速度、振幅、主振幅、品质因子均增加； ②轴压升高，有效波形变好
		孔洞缝密度与地震响应	①孔洞缝密度增大，纵波速度、振幅、主振幅、品质因子、主频率均减小； ②孔洞缝密度增大，有效波形变差
	水平裂缝+孔洞模型	轴压与地震响应	轴压增高，纵波速度、振幅、品质因子、主频率、主振幅均增加。但增加幅度不同，其中振幅、主振幅、品质因子、主频率与速度之间相差 1～2 个数量级
		围压与地震响应	围压增高，纵波速度、振幅、主振幅、品质因子、主频率均增加。但增加幅度不同，其中振幅、主振幅与速度之间相差 2～3 个数量级，品质因子、主频率与速度之间相差 1～2 个数量级
		孔洞缝密度与地震响应	孔洞缝密度增加，地震波的各项属性参数(速度、振幅、主振幅、品质因子、主频率等)总的趋势是变小

续表

物理模型	测试研究方法		地震响应特征分析与比较
缝洞模型	垂直裂缝+孔洞模型	裂缝方位与地震响应	①观测有横波分裂现象； ②横波偏振方向与裂缝面平行时，横波速度、振幅最大；横波偏振方向与裂缝面垂直时，横波速度、振幅最小；横波偏振方向与裂缝面斜交时，横波速度、振幅介于两者之间
		孔洞缝密度与地震响应	孔洞缝密度增加，横波速度、振幅、主振幅总体上均呈下降趋势

7.6 本章小结

本章给出的实例属于储层地震非线性预测与评价方法技术进一步的推广应用：各类储层速度(或波阻抗)反演、裂缝预测及储层综合预测与评价。

(1)应用地震高分辨率非线性反演方法对四川、新疆、大庆等地区的有关储层进行了速度(或波阻抗)反演研究，其反演剖面的分辨率高，储层在纵横方向上的变化特征反映清晰且详细。

(2)应用储层裂缝地震非线性预测方法对碳酸盐岩储层或致密储层裂缝发育特征和分布特征进行预测与综合评价，准确地预测出储层裂缝的有效富集区带，获得了显著的地质效果和勘探开发效果。

(3)应用储层地震综合预测与评价方法对碳酸盐岩储层、碎屑岩储层或薄互储层进行了综合预测与评价，利用储层品质和含油气性的评价指标，准确地预测出储层最佳有效部位和油气富集区带，并利用地震非线性参数作为砂岩尖灭的指示器，与地震速度反演剖面相配合，可准确地确定尖灭点的位置或尖灭线。

(4)针对塔河油田奥陶系碳酸盐岩储层特征设计了系列孔洞缝物理模型来研究缝洞系统的地震响应特征，建立起孔洞缝特征与地震响应特征之间的关系，为塔河油气田储层溶蚀缝洞体特征检测与评价提供了可靠的实验依据。

第8章　结论和认识

本书研究成果是在国家自然科学基金(NSFC)和国家科技攻关项目的联合资助下及部门科学研究项目的协助下，针对复杂多变的储层预测问题，以地震岩石物理测试与分析为基础，以常规及非常规油气藏为研究目标，构建了一套复杂油气藏勘探与开发的技术路线，最终进行油气资源的综合评价。研究区域涉及四川、鄂尔多斯、塔里木、华北等沉积盆地，研究领域涉及煤层气、致密砂岩储层、缝洞型碳酸盐岩储层、火山岩油气等复杂及非常规油气藏，获得了丰富的研究成果。

(1)通过建立系列缝洞体物理模型，在实际地层条件下进行测试分析，建立储层岩石物理学参数模拟模型，为储层研究和处理及方法优选提供基础。

根据缝洞型储层的特征，设计制作了多种缝洞物理模型。研究了压力环境下多种模型不同缝洞密度的地震波响应特征。分析了多种压力条件下模型缝洞密度与地震波速度、振幅、衰减、主频等参数之间的关系和变化规律。形成了从定比观测理论、定向裂缝模型、孔洞模型到多种缝洞模型的研究系列。深入研究了系列物理模型的地震响应特征。分析了多种环境下缝洞特征参数与地震波速度、振幅、衰减、主频等属性参数之间的复杂关系和变化规律。提出了不同地震波属性参数对缝洞特征检测的敏感度，进一步加深了地震波的动力学参数比运动学参数对于储层缝洞的检测更为有效的认识。小尺度的缝和孔不会被现有地震方法直接识别，但会影响介质的等效密度和地震波速度、振幅等参数，孔洞缝密度越大，洞的存在会加剧缝洞储层的各向异性性，其影响也越大，因此可通过这些参数的变化间接地识别。对于大尺度的缝和洞可用地震方法直接识别。本书研究内容处于国内同类研究的领先水平，在国内、国外都是先进的、创新的，建议今后继续开展该方面的研究。

(2)通过对动力学非线性系统的混沌特征、分形特征及突变特征等进行研究，建立起储层非线性预测与评价的理论依据：储层具有自相似性结构的分形系统特征，储层具有动力学系统的混沌特征，储层具有与尖点突变模型相似或相近的突变特征。因此，储层的沉积及演化过程完全是一个非线性过程，储层是一个非线性系统，地震波在其中的传播也是非线性过程，其地震信号即为非线性时间序列。

(3)基于非线性理论，创建了由裂缝地震非线性预测、地震高分辨率非线性反演及储层地震非线性综合预测与评价组成的储层地震预测领域的三大非线性方法与技术系列。

①储层裂缝地震非线性预测方法与技术是由相空间重建的、表征裂缝特征的3种非线性参数(关联维、李雅普诺夫指数和突变参数)提取与预测技术及综合评价方法所组成的一种新型的裂缝预测方法与技术。这种新型的裂缝预测方法具有明显的优势：在相空间中恢复储层系统的动力学特征，使用3种非线性参数直接表征裂缝发育的特征，利用综合评价参数作为预测有效裂缝富集区带的指标，是一种经济实用的方法与技术。

②储层地震高分辨率非线性反演方法与技术是将BP算法嵌入自适应遗传算法内部所

构成的集遗传算法与神经网络技术的优势于一体的新的地震反演方法，它采用新的(GA-BP)混合算法或带禁忌搜索算法的混合算法，以概率方式进行搜索运算，且概率自适应变化，自适应地使反演系统稳定收敛，从而快速且精确地找到全局最优解。该反演方法具有下列创新特点：在算法上突破了常规混合算法的耦合方式，创新混合算法是嵌入方式，BP 算法嵌入 GA 内只作为一个算子；反演中的非线性映射技术是一项创新技术，它由井点处建立非线性映射关系和自适应更新非线性映射关系组成，是成功实现地震反演的关键；用该方法和软件系统所获得的地震反演剖面具有高分辨率的特征，在这种地震反演剖面上清晰且详细地反映出储层在纵横方向上的变化特征，高分辨率地震反演可用于研究储层内部结构等特征；所提出的地震反演方法与其他反演方法相比较，该地震反演方法属于高水平的反演方法。

③储层地震非线性预测与评价方法是由遗传算法(GA)与自适应神经网络模糊推理系统有机地相结合而产生的储层预测与评价新方法，应用这种新方法可建立储层品质、含油气性与地震信息之间的联系。该研究成果具有下列创新特点：对所提取的地震属性参数构成的参数空间进行优化处理形成储层预测的新参数空间，这种新参数空间的维数降低，且更能集中反映储层的特征；创新算法，将 ANFIS 网络中的(GA+LSE)混合学习算法嵌入 GA 算法内部与亚启发式的禁忌搜索(TS)算法加在遗传算法的交叉操作处产生新的自适应混合算法，克服了 ANFIS 网络中学习算法的缺点，加快了自适应网络的收敛速度，提高了网络性能；用所获得的储层综合评价参数作为储层品质和含油气性的定量评价指标；预测方法与算法均能适应储层的复杂性和多变性，是一种新型的储层预测与评价方法。

④“储层地震非线性综合预测与评价系统”的特点：在非线性理论、方法与技术及算法研究的基础上，研制完成了由裂缝地震非线性预测、地震高分辨率非线性反演及储层地震非线性综合预测与评价等软件构成的“储层地震非线性综合预测与评价系统”。在软件平台选择上，针对不同的目的，选择不同的软件平台，针对运算量大的特点，采用 FORTRAN 编译平台，而对绘图要求高的任务，采用 C++编译平台，最终软件编译平台是 C++和 FORTRAN 平台；在国内首次推出具有三大非线性功能的专门软件系统并产生了很好的社会效益和经济效益。

(4) 应用研究的创新性特点。在研究期间，应用储层地震非线性综合预测与评价方法及软件系统进行了大量的储层预测研究和推广应用研究，取得了很好的社会效益和经济效益。

①方法技术与软件系统适应不同特点的地区。在四川、新疆、大庆和鄂尔多斯等地区的应用均取得了显著的地质效果和勘探开发效果。

②方法技术与软件系统适应不同特点的储层类型。在碳酸盐岩储层、致密储层、薄互储层及裂缝型储层等各类储层的预测研究中均取得了很好的地质效果和经济效益。

③联合应用物理模型测试与分析所提供的实验数据，可进一步提高储层预测效果的可靠性。

④应用效果显示，该方法技术具有高分辨率、高有效性、高可靠性及稳定性。

动力学非线性科学是一门新兴学科，引入和应用于许多科学和工程领域，预期 21 世纪将是非线性科学迅速发展的时代。在地球物理油气勘探领域中的引入和应用还处于起步阶段，不久将步入发展阶段，有着广阔的前景，特别是应用于那些常规方法技术难以解决的复杂性和多变性的问题。储层预测方法与技术的发展必将是储层预测非线性化、深入储层内部结构分析的微观化、储层预测与评价定量化等。因此，将在许多有待进一步发展的方面继续做出努力和贡献。

参 考 文 献

[1]贺振华，黄德济，胡光岷，等. 复杂油气藏地震波场特征方法理论及应用[M]. 成都：四川科学技术出版社，1999.

[2]刘振武，方朝亮. 21 世纪初中国油气关键技术展望[M]. 北京：石油工业出版社，2003.

[3]赵鸿儒，唐文榜，郭铁栓. 超声地震模型试验技术及应用[M]. 北京：石油工业出版社，1986.

[4]牟永光. 三维复杂介质地震物理模拟[M]. 北京：石油工业出版社，2003.

[5]Crampin S，McGonigle R，Bamford D. Estimating crack parameters from observations of P-wave velocity anisotropy[J]. Geophysics，1980，45(3)：345-360.

[6]Crampin S. Evaluation of anisotropy by shear-wave spilitting[J]. Geophysics，1985，50(1)：142-152.

[7]Tatham R H，Matthews M D，Sekharan K K. 横波分裂和裂隙强度的一种物理模型研究[C]//美国勘探地球物理学会. 美国勘探地球物理学会第 57 届年会论文集. 石油工业部地球物理勘探局科技情报所，地质矿产部石油物探研究所情报室，译. 北京：石油工业出版社，1989.

[8]陈颙，黄庭芳. 岩石物理学[M]. 北京：北京大学出版社，2001.

[9]李云. 非线性动力系统的现代数学方法及其应用[M]. 北京：人民交通出版社，1998.

[10]Mandelbrot B B. Les objects fractals：From，hasard et dimension[M]. Paris：Flammarion，1975.

[11]Falconer K J. The geornetry of fractal set[M]. Cambridge：Cambridge University Press，1985.

[12]谢和平. 分形-岩石力学导论[M]. 北京：科学出版社，1996.

[13]刘式达，刘式适. 地球物理中的混沌[M]. 长春：东北师范大学出版社，1999.

[14]Dirgantara F，Batzle M L，Curtis J B. Maturity characterization and ultrasonic velocities of coals[C]//Society of Exploration Geophysicists. SEG Technical Program Expanded Abstracts 2011. Tulsa：Society of Exploration Geophysicists，2011.

[15]Yushendri Y F，Sukotjo A，Raguwanti R，et al. Seismic rock physics of the South Sumatra basin coal，Indonesia[C]//Society of Exploration Geophysicists. Proceeding of the 11th SEGJ International Symposium. Tulsa：Society of Exploration Geophysicists，2013.

[16]Pan J N，Meng Z P，Hou Q L，et al. Coal strength and Young's modulus related to coal rank，compressional velocity and maceral composition[J]. Journal of Structural Geology，2013，54：129-135.

[17]Li Q，Chen J，He J J. Physical properties，vitrinite reflectance，and microstructure of coal，Taiyuan Formation，Qinshui Basin，China[J]. Applied Geophysics，2017，14(4)：480-491.

[18]Gray D. Seismic anisotropy in coal beds[C]//Society of Exploration Geophysicists. SEG Technical Program Expanded Abstracts 2005. Tulsa：Society of Exploration Geophysicists，2005.

[19]Yao Q L，Han D H. Acoustic properties of coal from lab measurement[C]//Society of Exploration Geophysicists. SEG Technical Program Expanded Abstracts 2008. Tulsa：Society of Exploration Geophysicists，2008.

[20]Morcote A，Mavko G，Prasad M. Dynamic elastic properties of coal[J]. Geophysics，2010，75(6)：E227-E234.

[21]姚艳斌，刘大锰. 煤储层精细定量表征与综合评价模型[M]. 北京：地质出版社，2013.

[22]李琼，何建军，曹均. 沁水盆地和顺地区煤层气储层物性特征[J]. 石油地球物理勘探，2013，48(5)：734-739.

[23]傅雪海，秦勇，薛秀谦，等. 煤储层孔、裂隙系统分形研究[J]. 中国矿业大学学报，2001，30(3)：225-228.

[24]Turcotte D L. Fractals and chaos in geology and geophysics[M]. Cambridge：Cambridge University Press，1997.

[25]汤达祯，王生维. 煤储层物性控制机理及有利储层预测方法[M]. 北京：科学出版社，2010.

[26]张晓辉，要惠芳，李伟，等. 韩城矿区构造煤纳米级孔隙结构的分形特征[J]. 煤田地质与勘探，2014，42(5)：4-8.

[27]李振，邵龙义，侯海海，等. 高煤阶煤孔隙结构及分形特征[J]. 现代地质，2017，31(3)：595-605.

[28] Mandelbrot B B. The fractal geometry of nature[M]. San Francisco：Freeman，1982.

[29]李正文，李琼，吴朝容. 沉积盆地有效储集层综合识别技术[M]. 成都：四川科学技术出版社，2002.

[30]吴大奎. 应用分形插值预测裂缝[J]. 石油地球物理勘探，1995，12(6)：823-827.

[31]周文. 裂缝性油气储集层评价方法[M]. 成都：四川科学技术出版社，1998.

[32]赵太银. ANFIS 理论与油气储集层非线性评价方法研究 [D]. 成都：成都理工大学，2002.

[33]魏宏森，宋永华，郭治安，等. 开创复杂性研究的新科学——系统科学纵览[M]. 成都：四川教育出版社，1991.

[34]郝柏林. 分岔、混沌、奇怪吸引子、湍流及其它——关于确定论系统中的内在随机性[J]. 物理学进展，1983，3(3)：335-416.

[35]尹成，周翼，谢桂生，等. 基于综合的混沌优化算法的地震子波估计[J]. 物探化探计算技术，2001，23(2)：97-100.

[36]Wiggins S. Introduction to applied nonlinear dynamical systems and chaos[M]. New York：Springer，1990.

[37]李正文，唐建明，鄢永玲，等. 油气储集层突变理论识别技术及其应用[J]. 矿物岩石，1998，18(3)：87-93.

[38]李正文，李琼. 油气储集层裂缝非线性预测技术及应用研究[J]. 石油地球物理勘探，2003，38(1)：48-52.

[39]李琼，贺振华. 地震高分辨率非线性反演在薄互储层识别中的应用[J]. 成都理工大学学报，2004，31(6)：708-712.

[40]王小平，曹立明. 遗传算法——理论、应用与软件实现[M]. 西安：西安交通大学出版社，2002.

[41]周明，孙树栋. 遗传算法原理及应用[M]. 北京：国防工业出版社，1999.

[42]刘勇，康立山，等. 非数值并行计算(第 2 册)——遗传算法[M]. 北京：科学出版社，1995.

[43]李敏强，寇纪淞，林丹，等. 遗传算法的基本理论与应用[M]. 北京：科学出版社，2003.

[44]尹成，陈涛，黄小革，等. 综合的遗传算法及其在地震波阻抗反演中的应用[J]. 西南石油学院学报，1999，2(2)：42-45.

[45]门克. 地球物理数据分析-离散反演理论[M]. 邹志辉，张建中，译. 北京：科学出版社，2019.

[46]杨慧珠，张世俊，杜祥. 小生境遗传算法求解多峰问题在反演中应用[J]. 地球物理学进展，2001，16(2)：35-41.

[47]焦李成. 神经网络的应用和实现[M]. 西安：西安电子科技大学出版社，1993.

[48]阎平凡，张长水. 人工神经网络与模拟进化计算[M]. 北京：清华大学出版社，2000.

[49]加卢什金. 神经网络理论[M]. 阎平凡，译. 北京：清华大学出版社，2003.

[50]Whitleyet D，Starkweather T，Bogart C. Genetic algorithms and neural networks：Optimizing connections and connectivity[J]. Parallel Compution，1990，14(3)：347-361.

[51]Kitano H. Designing neural networks using genetic algorithms with graph generation system[J]. Complex Sysmtem，1990，4：461-476.

[52]Jang J S R. ANFIS：Adaptive-network-based fuzzy inference system[J]. IEEE Transaction on System，Man and Cybernetics，1993，23(3)：665-685.

[53]Jang J S R，Sun C T，Mizutani E. Neuro-fuzzy and soft computing[M]. Upper Saddle River：Prentice-Hall，1997.

[54]尹成，蒲勇，周洁玲，等. 混沌噪声扰动的地震波反演研究[J]. 西南石油学院学报，2002，24(4)：5-8.

[55]Glover F. Future paths for integer programming and links to artificial intelligence[J]. Computers and Operations Research，1986，13(5)：533-549.

[56]李琼，李勇. 基于 GA-BP 理论的储层视裂缝密度地震非线性反演方法[J]. 地球物理学进展，2006，21(2)：465-471.

[57]李琼，李正文，钱一雄，等. 塔中围斜区东河砂岩地震速度分布特征与储层预测研究[J]. 中南大学学报(自然科学版)，

2006，37(Z1)：1-6.

[58]李琼，李正文，魏野. 同铁构造嘉陵江组储层裂缝非线性预测与分析研究[J]. 矿物岩石，2004，24(2)：78-81.

[59]李琼，李正文，蒲勇. 沉积盆地的突变特征及尖点突变模型的应用研究[J]. 成都理工学院学报，2001，28(1)：64-69.

[60]姚逢昌，甘利灯. 地震反演的应用与限制[J]. 石油勘探与开发，2000，27(2)：53-56.

[61]侯安宁，何樵登. 地震弹性波参数的非线性数值反演[J]. 石油地球物理勘探，1994，29(6)：669-677.

[62]陈小宏，牟永光. 二维地震资料波动方程非线性反演[J]. 地球物理学报，1996，39(3)：401-408.

[63]杨磊，张向君，李幼铭. 地震道非线性反演的参数反馈控制及效果[J]. 地球物理学报，1999，42(5)：677-684.

[64]李庆忠. 走向精确勘探的道路[M]. 北京：石油工业出版社，1994.

[65]杨文采. 神经网络在算法在地球物理反演中的应用[J]. 石油物探，1995，34(1)：116-120.

[66]张乃尧，阎平凡. 神经网络与模糊控制[M]. 北京：清华大学出版社，1998.

[67]张智星，孙春在，水谷英二. 神经-模糊和软计算[M]. 西安：西安交通大学出版社，2000.

彩　　图

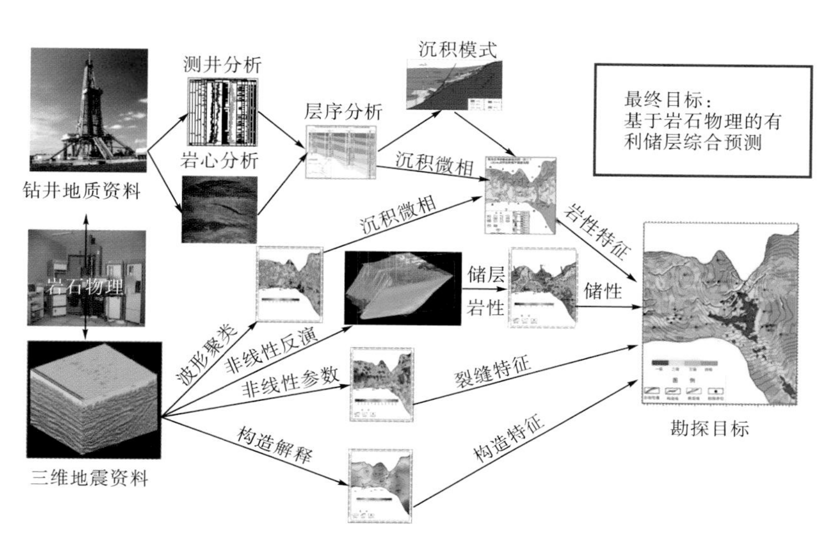

图 1-1　基于地震岩石物理学的复杂储层非线性预测技术路线

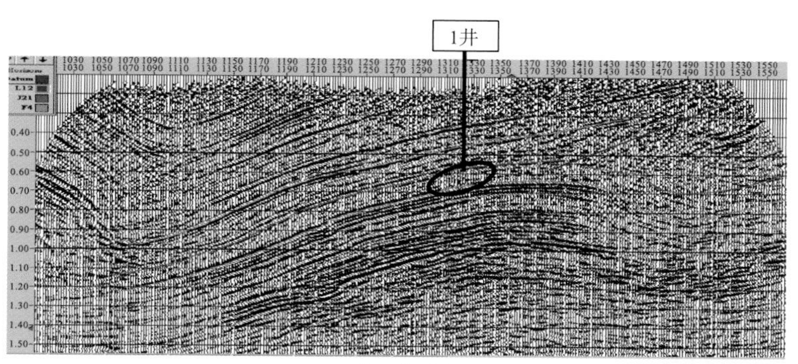

(a) 地震剖面图

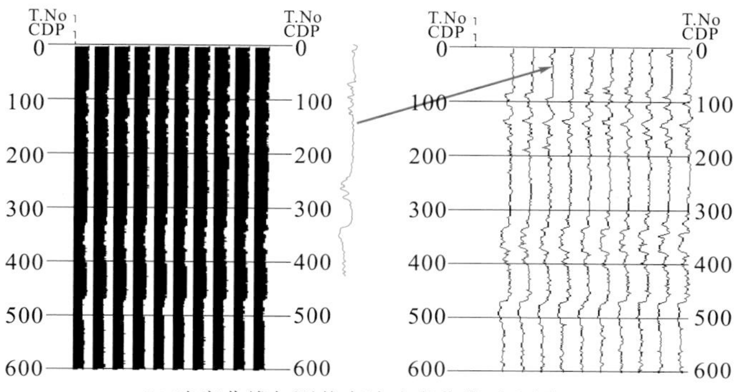

(b) 速度曲线与测井声波速度曲线对比图

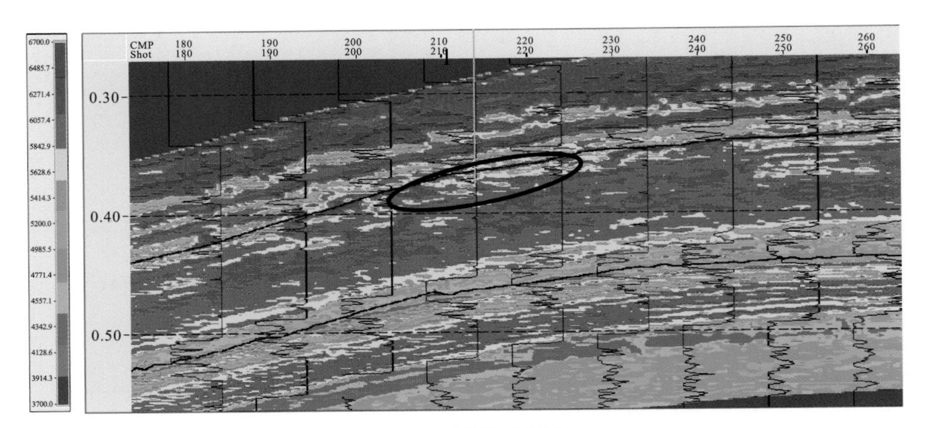

(c) 速度剖面图

图 5-8　某地区的地震剖面图、反演所得到的速度曲线与测井声波速度曲线对比图以及速度剖面图

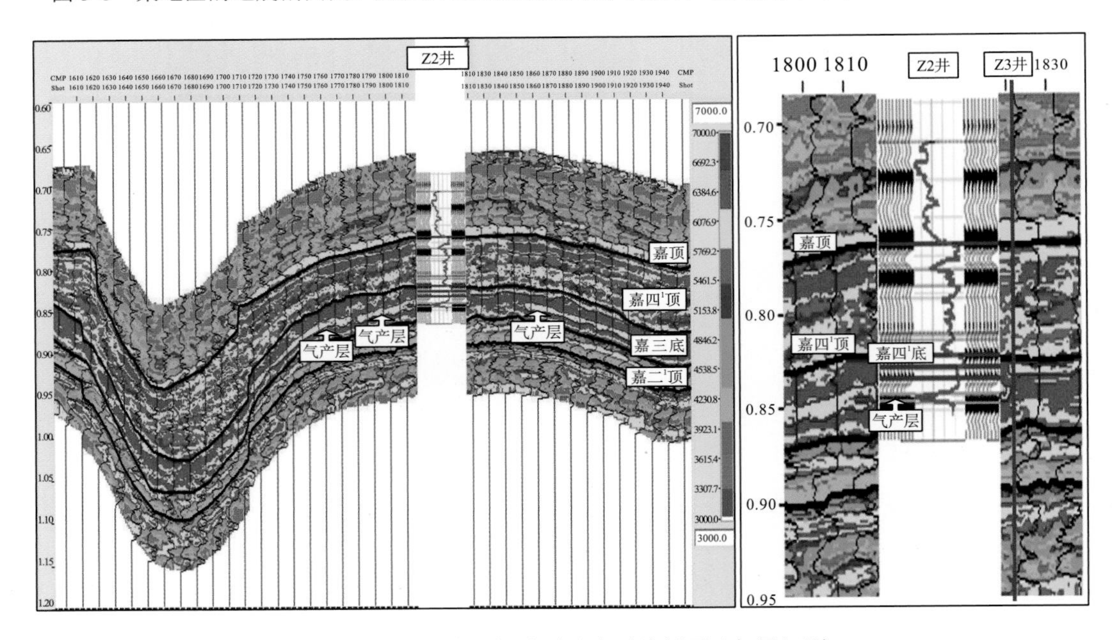

图 7-1　ZC 嘉陵江组地震速度反演剖面及气层识别

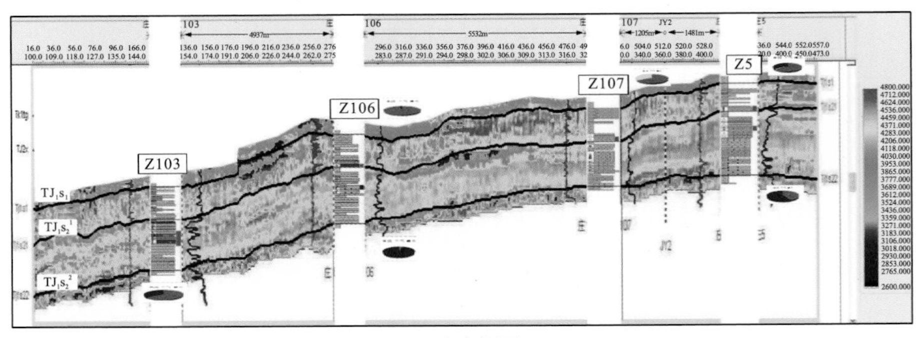

(a) 速度剖面

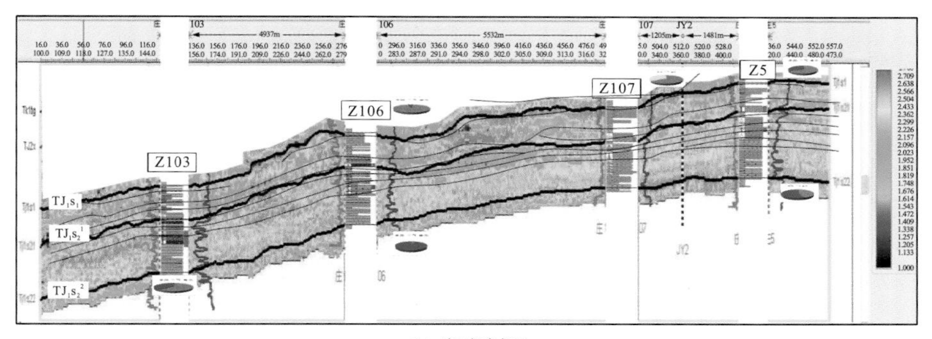

(b) 密度剖面

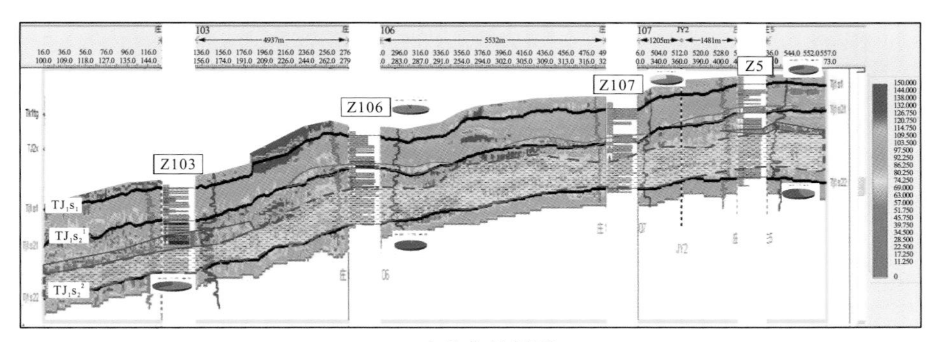

(c) 自然伽马剖面

图 7-2 地震反演属性剖面图

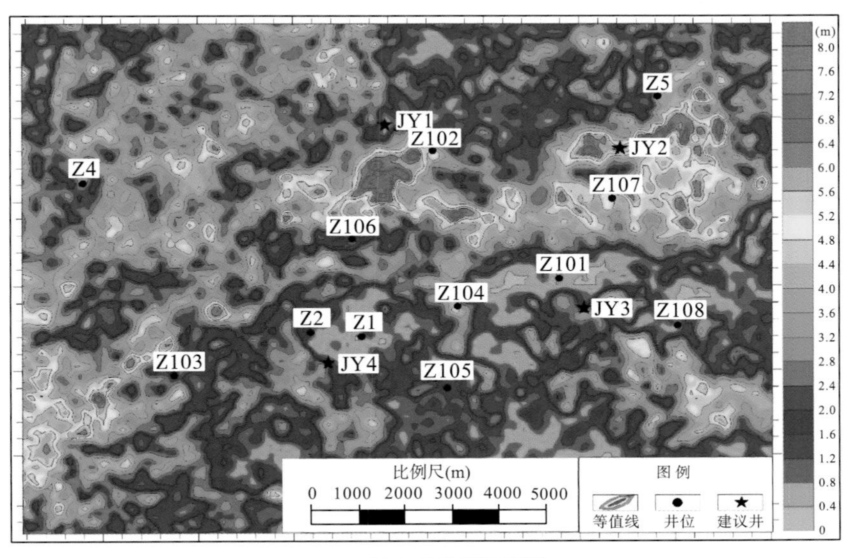

(a) J_1s_1层有利砂岩厚度图

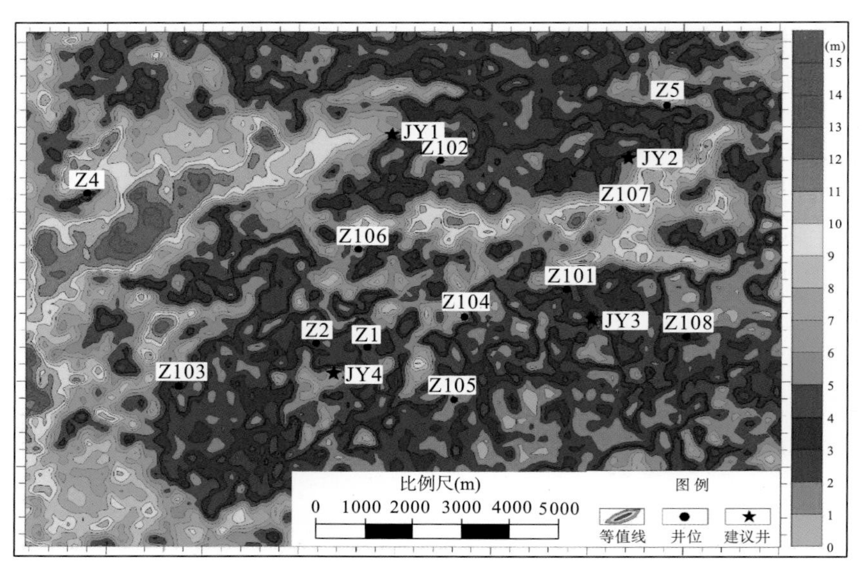

(b) $J_1s_2^1$层有利砂岩厚度图

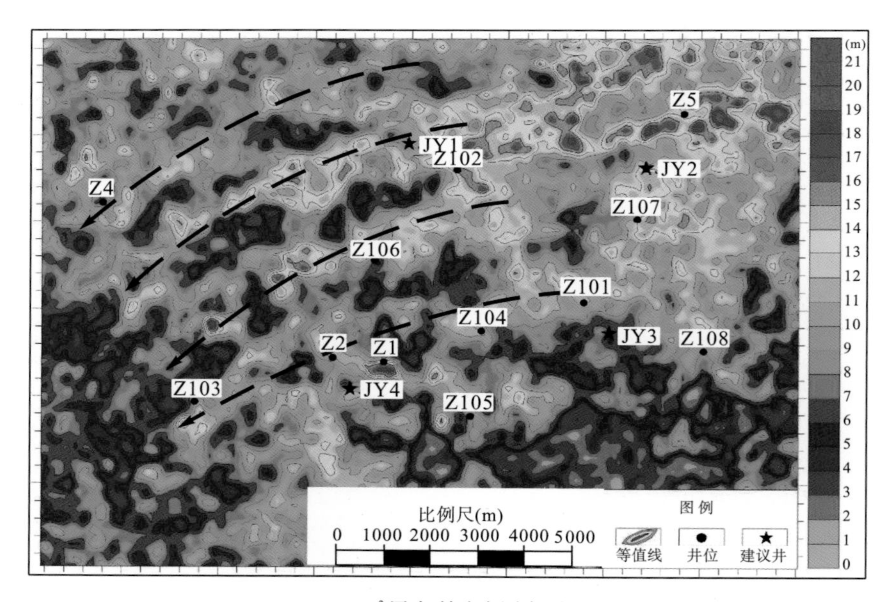

(c) $J_1s_2^2$层有利砂岩厚度图

图 7-3　有利砂岩厚度分布图

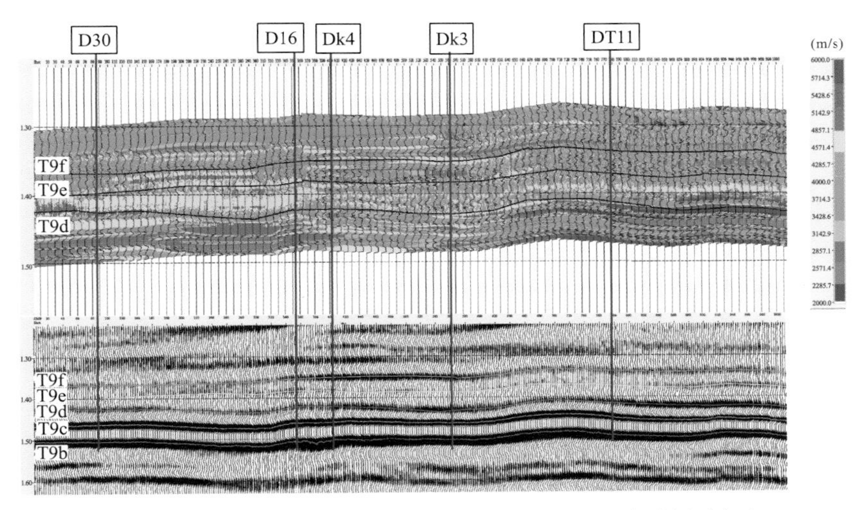

图 7-4　某地区 K7 连井地震速度反演剖面(上)和地震剖面(下)

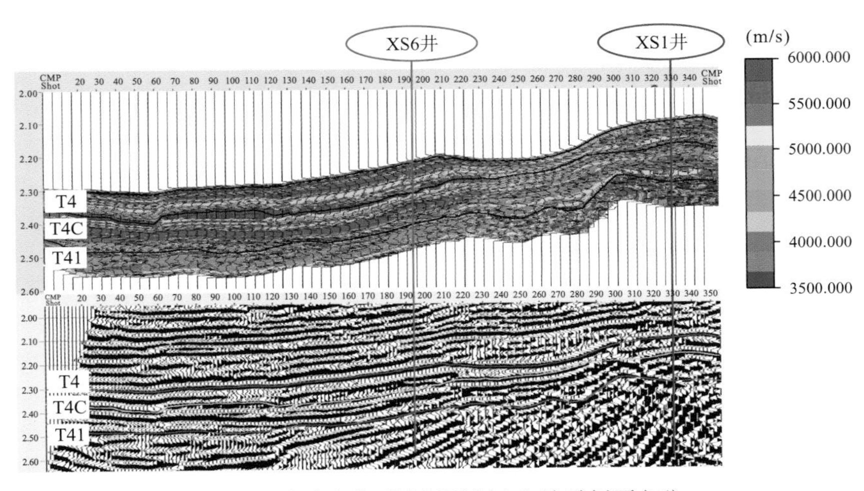

图 7-5　地震速度反演剖面(上)和地震剖面(下)

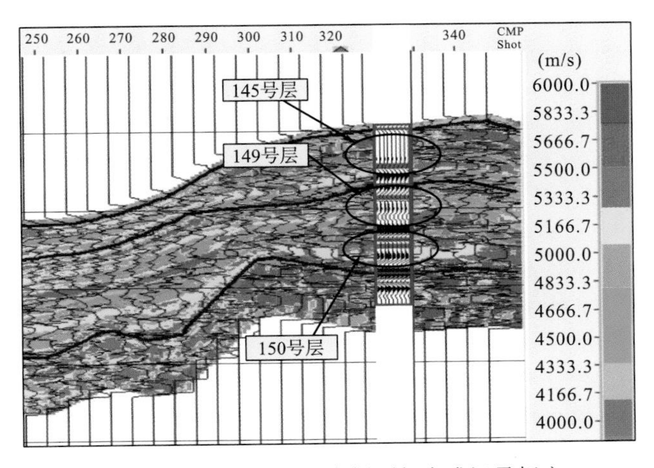

图 7-6　XS1 井反演速度剖面与合成记录标定

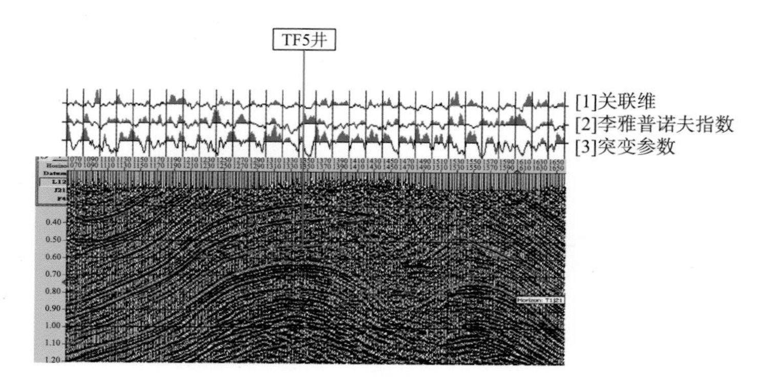

图 7-7 02TCT029 嘉二 1 非线性参数(上)和地震剖面(下)

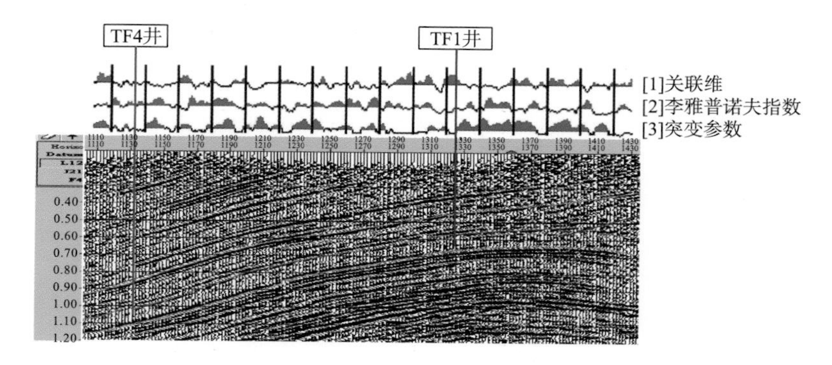

图 7-8 02TCT030 嘉二 1 非线性参数(上)和地震剖面(下)

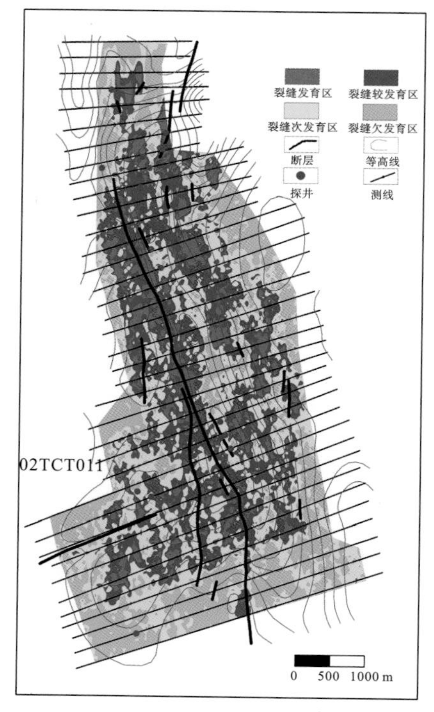

图 7-9 嘉二 1—嘉一储层裂缝发育带分布图

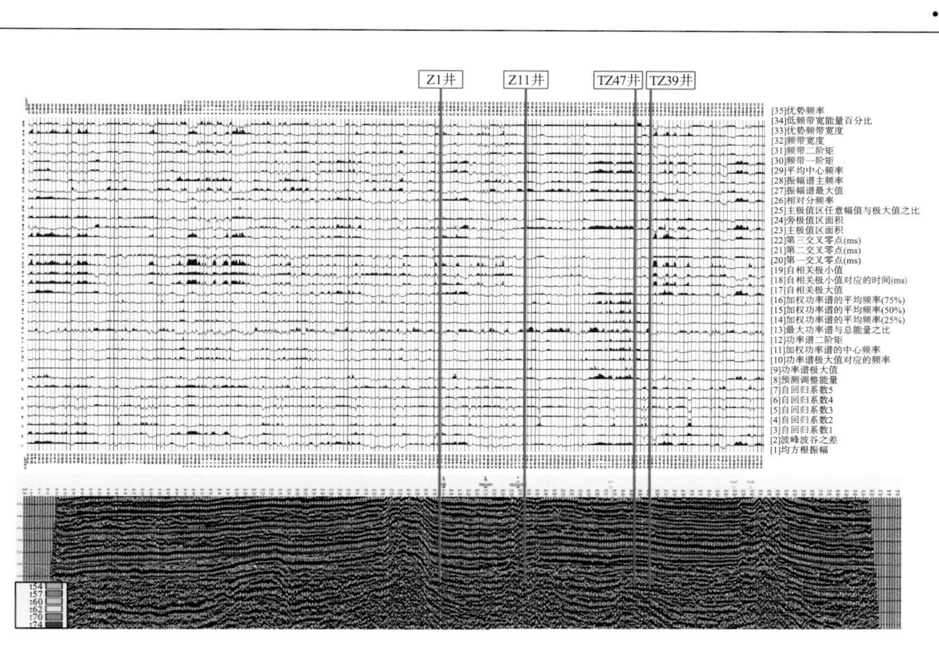

图 7-10 TZ01-434.9SN 剖面东河砂岩地震特征参数

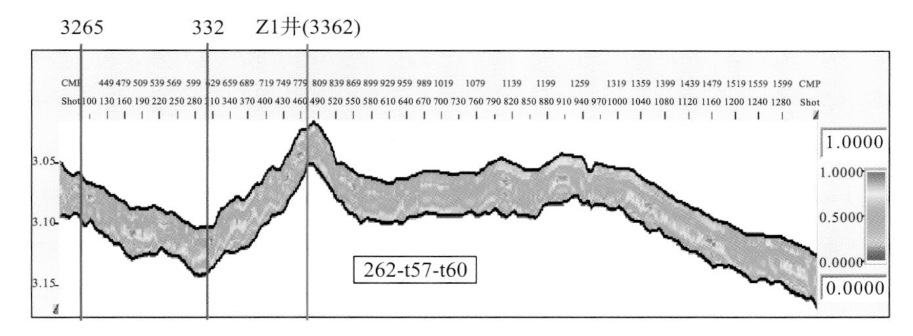

图 7-11 Inline262 测线储层地震综合预测剖面

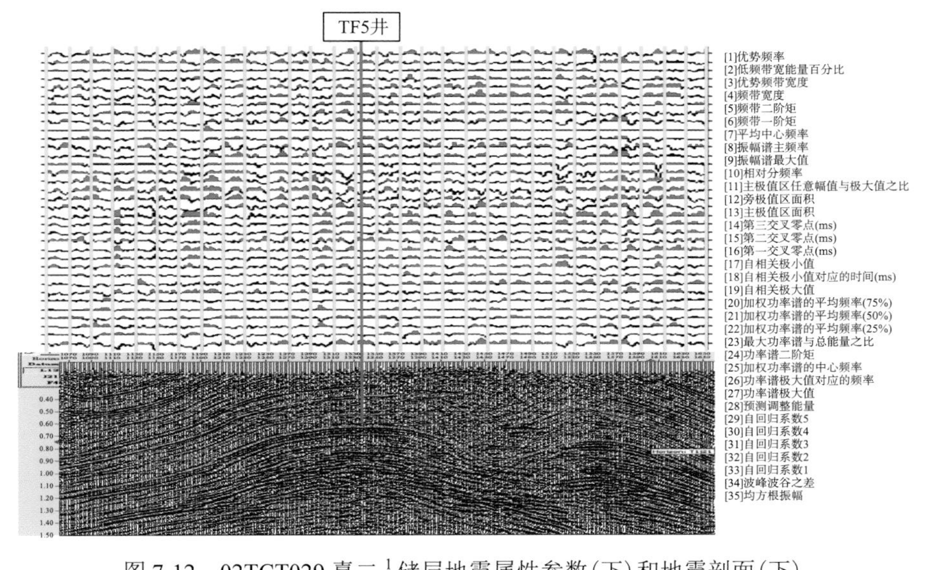

图 7-12 02TCT029 嘉二[1]储层地震属性参数(下)和地震剖面(下)

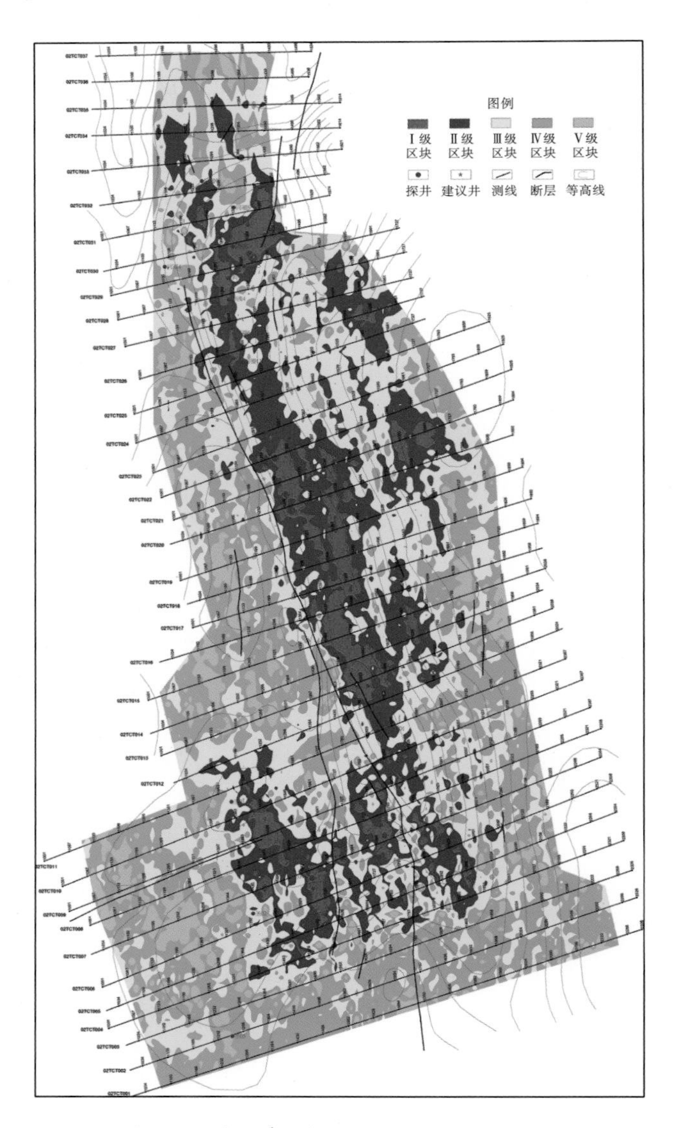

图 7-13　嘉二[1]—嘉一储层地震综合预测图

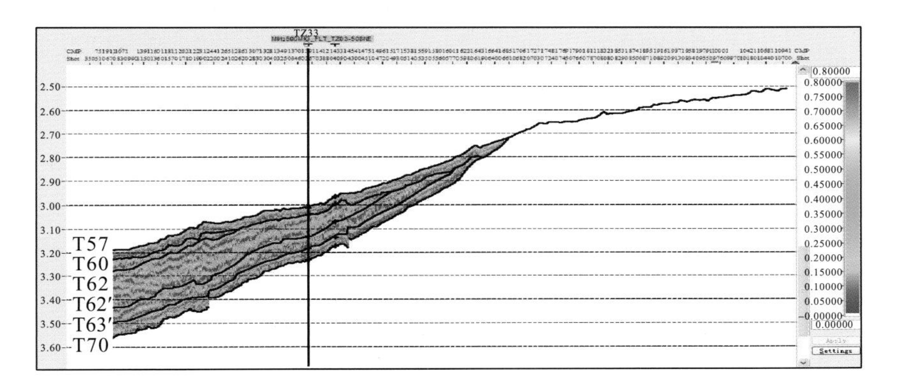

图 7-14　SNTZ02-386NW 地震测线储层突变参数剖面

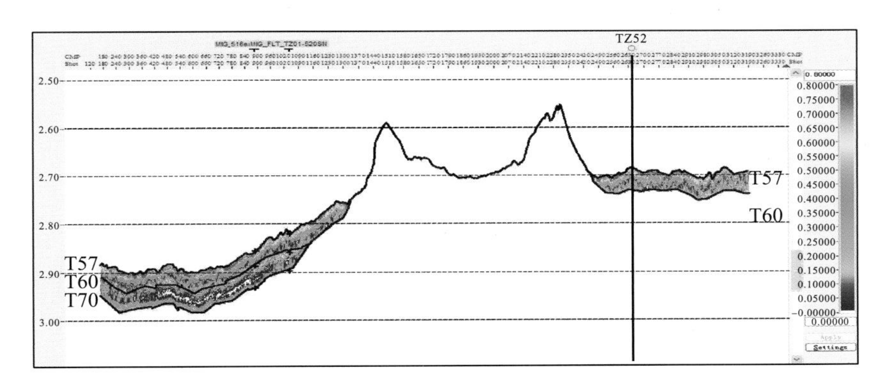

图 7-15　K3 区 TZ01-322EW 地震测线储层突变参数剖面